教育部高等职业教育示范专业规划教材

模拟电子技术应用

主　编　杨　燕　陈兆梅
副主编　程金平　李　俊
参　编　陈援峰　林励平　王晓栋

机 械 工 业 出 版 社

本书是为了满足高职高专教育对人才培养的目标要求，配合"教、学、做"一体化课程的实施而进行编写的。

全书内容共分为四部分，即半导体器件及检测、直流稳压电源的设计与测试、放大电路的应用与测试、实用电子电路的设计与仿真。本书从半导体器件的认识与检测入手，通过各种典型电路模块的设计与测试，最终完成一个电子产品的设计与制作。每个部分的内容编排中都包含若干技能训练任务，力求将模拟电子技术的基础理论与实践进行有机结合。与传统教材相比，本书内容更侧重于器件及电路的检测、设计与应用，希望读者通过对这四部分内容及技能训练的学习，提高自己的实战能力。

本书可作为高等职业院校电类专业通用教材，也可作为电子爱好者的自学用书。

为方便教学，本书配有免费电子课件、思考与练习答案等，凡选用本书作为授课教材的学校，均可来电或邮件索取，咨询电话：010-88379564，邮箱：cmpqu@163.com，有任何技术问题也可通过以上方式联系。

图书在版编目（CIP）数据

模拟电子技术应用/杨燕，陈兆梅主编. —北京：
机械工业出版社，2012.7
教育部高等职业教育示范专业规划教材
ISBN 978-7-111-36956-1

Ⅰ.①模… Ⅱ.①杨… ②陈… Ⅲ.①模拟电路—电子技术—高等职业教育—教材 Ⅳ.①TN710

中国版本图书馆 CIP 数据核字（2012）第 163316 号

机械工业出版社（北京市百万庄大街22号　邮政编码100037）
策划编辑：曲世海　责任编辑：曲世海　韩　静
版式设计：霍永明　责任校对：樊钟英
封面设计：马精明　责任印制：杨　曦
北京四季青印刷厂印刷
2012 年 8 月第 1 版第 1 次印刷
184mm×260mm · 13.75 印张 · 337 千字
0001—3000 册
标准书号：ISBN 978-7-111-36956-1
定价：27.00 元

前　　言

　　为了适应高职高专教育对人才培养目标要求的课程建设体系，配合工学结合及"教、学、做"一体化课程的实施，本书在参阅了大量优秀教材的基础上，并在企业专业人士的指导下，对原有教材内容及结构进行了编排和优化，力求从实际应用中引入问题，将理论与实践进行更好的结合。

　　与传统教材相比，本书具有以下特点：

　　1）本书的内容编排是从半导体器件的认识与检测入手，通过各种典型电路模块的设计与测试，最终完成一个电子产品的设计与制作。每个阶段都布置了若干实训任务，力图使内容有机融入各个任务当中，让读者在完成任务的过程中掌握新的知识和技能。

　　2）本书在帮助读者认识各种元器件和电路的同时，还注重元器件的识别及检测，电路的搭建、测试以及电路故障的排查等技能训练。为此，本书补充了有关电路的测试、维修及设计的相关应用案例，增强了内容的应用性和实用性。

　　3）本书充分利用了虚拟实训平台，结合实际实训平台进行电路测试与设计，将计算机软件分析与仿真作为设计验证电路的一个重要环节，充分体现了当今流行的电子电路开发设计思想。

　　本书由杨燕、陈兆梅主编，其中杨燕负责全书的内容编排和整理，程金平、李俊负责本书部分实训项目的验证及实施，陈援峰、林励平、王晓栋与陈兆梅参与了本书的项目验证与讨论，同时广州航海仪器厂股份有限公司的黄满华、邹继红、马永利等工程师都对本书内容提出了许多宝贵的方案及意见。本书在编写过程中，还得到了广州城市职业学院领导的关心和支持，在此表示衷心的感谢。

　　由于编者的时间和水平所限，书中内容若存在疏漏、欠妥和错误之处，恳请广大读者批评指正，以便今后改进。

编　者

目　　录

基　础　篇

第 1 章　半导体器件及检测

1.1　背景知识
1.2　二极管
1.3　晶体管
1.4　场效应晶体管
1.5　集成运算放大电路

　　半导体器件是构成各种电子电路最基本的要素，也是设计者设计符合要求、功能正常、性能可靠的电路必须掌握的，常用的半导体器件有二极管、晶体管、场效应晶体管、集成运算放大器等。对这些器件了解得越透彻，就越有助于电子电路的设计。

　　本章从使用的角度出发介绍了二极管、晶体管、场效应晶体管及集成运算放大器的选用及检测方法，读者可通过每节内容中安排的技能训练，更快捷地掌握半导体器件的识别、使用及测试。

技能训练项目

1. PN 结单向导电性的测试
2. 二极管的应用电路——双限幅电路的测试与观察
3. 晶体管应用电路的测试与观察
4. 场效应晶体管应用电路的测试与观察
5. 常见电子元器件及半导体器件的识别与检测

1.1　背景知识

➢　半导体
➢　PN 结

1.1.1　半导体

半导体器件是用半导体材料制成的电子器件。常见半导体器件的外形如图 1-1 所示。

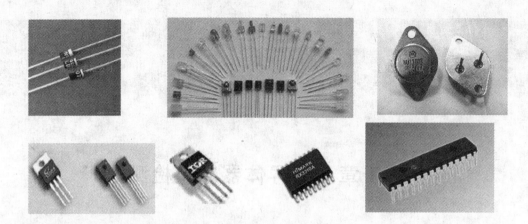

图 1-1　常见半导体器件的外形

常用的半导体材料如硅（Si）和锗（Ge）均为四价元素，它们的原子最外层轨道上都具有四个价电子，其原子结构示意图如图 1-2 所示。它们的最外层电子既不像导体那么容易挣脱原子核的束缚，也不像绝缘体那样被原子核束缚得那么紧，因而其导电性介于两者之间。

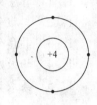

说明：

1）物质的导电能力决定于原子结构。

图 1-2　硅和锗的

2）导体一般为低价元素，它们的最外层电子极易挣脱原子核的束缚　原子结构示意图
成为自由电子，在外电场的作用下会产生定向移动，形成电流。

3）高价元素（如惰性气体）和高分子物质（如橡胶），它们的最外层电子受原子核束缚力很强，很难成为自由电子，所以导电性极差，成为绝缘体。

1. 半导体的特性

（1）热敏性　半导体对温度很敏感。例如纯锗，温度每升高 10℃，它的电阻就会减小到原来的一半左右。由于半导体的电阻对温度变化的反应灵敏，而且大都具有负的电阻温度系数，所以人们就把它制成了各种自动控制装置中常用的热敏电阻传感器和能测量物体温度变化的温度计等。

（2）光敏性　与金属不同，半导体对光和其他射线都很敏感。例如一种硫化镉半导体材料，当没有光照射时，电阻高达几十兆欧；当受到光照射时，电阻可降到几十千欧，两者相差上千倍。利用半导体的这种光敏特性可以制成光敏电阻、光敏二极管、光敏晶体管以及太阳电池等。

（3）掺杂性　半导体对杂质很敏感。在纯净半导体中掺进微量的某种杂质，对其导电性能影响极大。例如，在纯净硅中掺入百万分之一的硼，可使其导电能力增加几十万倍。

以上特性决定了半导体可以制成多种电子器件。

2. 本征半导体

将纯净的半导体经过一定的工艺过程制成单晶体，即为本征半导体。

（1）原子结构　半导体制成单晶体时，每个原子都和周围的四个原子用共价键的形式互相紧密联系起来，本征半导体共价键晶体结构如图 1-3 所示。

（2）载流子　由于晶体中的共价键具有很强的结合力，常温下只有少数价电子因为热运动能够摆脱共价键的束缚而成为自由电子，同时在共价键中留下一个空位，称为空穴（见图 1-4），所以本证半导体中存在着两种载流子（运载电荷的粒子），且两种载流子的浓度相等。

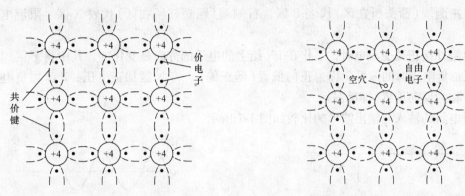

图 1-3　本征半导体共价键晶体结构　　　　图 1-4　本征半导体载流子示意图

半导体中存在着两种载流子：带负电的自由电子和带正电的空穴——这是半导体导电的特殊性。

3. 杂质半导体

在硅（Si）、锗（Ge）、砷化镓（GaAs）等单晶本征半导体材料中，以特殊工艺（如高温扩散、离子注入等）"掺杂"进一定浓度的其他特定原子（如五价元素磷、砷或三价元素硼、铝等），由于杂质原子与晶体原子的自由电子数目不相等，那么在形成共价键后，杂质原子就会多出带负电的自由电子或者因缺少电子而形成带正电的空穴。按照掺入杂质的不同，可构成 N 型掺杂半导体和 P 型掺杂半导体。

在本征半导体中掺入微量五价元素如磷、砷，便构成了有多余电子的 N 型半导体。

在本征半导体中掺入微量三价元素如硼、铝，便构成了有多余空穴的 P 型半导体。杂质半导体的结构示意图如图 1-5 所示，图中正、负离子周围的黑色圆点表示自由电子，空心圆点表示空穴。

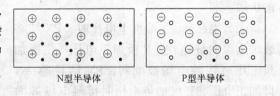

图 1-5　杂质半导体的结构示意图

说明：

1）杂质半导体中多子（电子或空穴）的浓度主要取决于掺入的杂质浓度。掺入的杂质越多，多子（电子或空穴）的浓度就越高，导电性能也就越强。

2）少数载流子是本征激发的，尽管其浓度很低，却对温度非常敏感，这将影响半导体器件的性能。

1.1.2　PN 结

单纯的 P 型半导体或 N 型半导体仅仅是导电能力增强了，但还不具备半导体器件所要求的各种特性。若通过一定的生产工艺把一块 P 型半导体和一块 N 型半导体结合在一起，则它们的交界处就会形成 PN 结。

PN 结是构成各种半导体器件的基础。

动手试试：见"技能训练1-1 PN结单向导电性的测试"。

1. PN结的单向导电特性

PN结单向导电性测试电路如图1-6所示，图中PN结采用二极管VD(1N4148)代替，其中VD的左侧端(箭头所在区)代表P区，右侧端(粗短杠所在区)代表N区，限流电阻R为1kΩ。

当电路外接正弦交流电时，工作在PN结上的电压的方向是变化的，其中将P区加正电压、N区加负电压时的偏置，称为正向偏置(即正偏)，将N区加正电压、P区加负电压时的偏置，称为反向偏置(即反偏)。

此时电路的输入与输出波形的比较如图1-7所示。

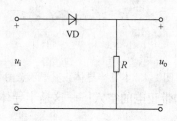

图1-6 PN结单向导电性测试电路

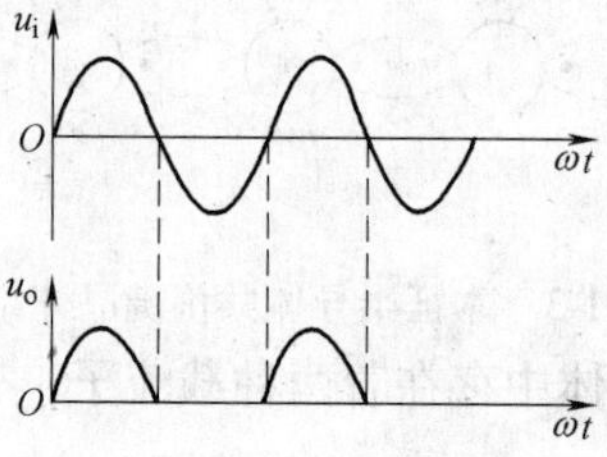

图1-7 图1-6电路中输入与输出波形的比较

结论：PN结只让正半波信号通过，负半波信号会被其截止。

说明：PN结就像一个单向的电子阀门，正向导通，反向截止。

分析：这是因为P型半导体中的空穴、N型半导体中的电子互相"渗透"(扩散)会形成一个接触电场(自建场)，方向从N端指向P端，如图1-8所示，此电场会阻碍多子的扩散。

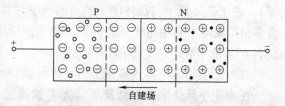

图1-8 PN结示意图

当分别在P、N端加上电压时，PN结将表现出单向导电性：P极加正电压、N极加负电压时接触电场被削弱，PN结导通；N极加正电压、P极加负电压时接触电场被增加，导致自由电子无法通过，即PN结截止。

2. PN结的伏安特性

图1-9为硅与锗材料的PN结的伏安特性曲线，其中u表示PN结所加的电压，i表示流过PN结的电流，由图可以看出：

1）PN结存在死区电压：只有当正向电压大于死区电压时，PN结才导通。其中硅PN结的死区电压一般为0.5V左右，锗PN结的死区电压为0.1V左右。

2）PN结正向导通时，存在导通电压。

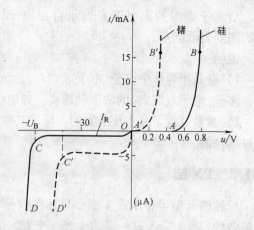

图1-9 硅与锗材料的PN结的伏安特性曲线

硅PN结的导通电压一般为0.7V左右，锗PN结的导通电压为0.3V左右。

3）锗材料的反向饱和电流较大，为毫安(mA)数量级；硅材料的反向饱和电流较小，为微安(μA)数量级。这表示锗材料对温度较敏感，其稳定性远远不如硅材料，图 1-9 为了表示出硅材料的反向饱和电流 I_R，纵坐标 i 的负半轴单位采用了 μA。

4）PN 结在加以很大的反向电压时可以突然导通，导通时电阻很小，导通电压为 $-U_B$。U_B 的大小可以是几伏到几千伏。

> **小结：**
> ◆ PN 结是构成各种半导体器件的基础。
> ◆ PN 结具有单向导电特性：正向导通，反向截止。
> ◆ PN 结有一个死区电压，克服它才能导通。

思考与练习

1. 为什么采用半导体材料制作电子器件？
2. 空穴是一种载流子吗？其导电能力与自由电子一样吗？
3. 什么是 N 型半导体？什么是 P 型半导体？当两种半导体制作在一起时会发生什么现象？
4. PN 结上所加端电压与电流符合欧姆定律吗？它为什么具有单向导电性？

技能训练 1-1　　PN 结单向导电性的测试

实验平台：虚拟实验室。

实验目的：

1）读图并按要求在实验平台上搭建电路。

2）熟悉 PN 结的正向偏置与反向偏置情况。

3）正确使用示波器进行输入与输出波形的测试。

4）分析归纳 PN 结的特点。

实验电路：PN 结单向导电性测试电路如图 1-6 所示，图中 PN 结采用二极管 VD（1N4148）代替，其中 VD 的左侧端（箭头所在区）代表 P 区，右侧端（粗短杠所在区）代表 N 区，限流电阻 R 为 1kΩ。

实验仪器：

1）信号发生器：用于产生幅值 10V/50Hz 的正弦交流信号 u_i。

2）双踪示波器：用于观察输入 u_i 与输出 u_o 的波形。

实验步骤：

1）按图 1-6 选择元器件，设置参数、布局、连接电路。

2）用示波器观察输入与输出电压波形。

3）绘制输入与输出波形，分析有何不同？

4）分析电路中二极管的作用。

实验结论（参看 PN 结及仿真软件平台相关知识）：

_____。

1.2　二极管

> ➢ 二极管的识别
> ➢ 二极管的测试及故障检测
> ➢ 其他类型的二极管
> ➢ 二极管的各种应用电路

1.2.1　二极管的识别

在各种电子电路中，二极管是使用和应用最频繁的器件之一。它具有结构简单、体积小、价格低、反向耐压高、工作频率高和使用方便等特点。

1. 二极管的结构

将 PN 结用外壳封装，并加上电极引线，就构成了各种二极管。由 P 区引出的电极为阳极，由 N 区引出的电极为阴极。常见二极管的外形如图 1-10 所示，其内部结构与电路符号如图 1-11 所示。

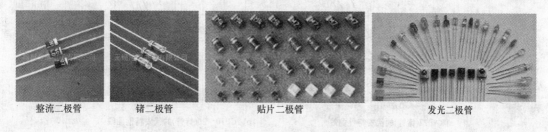

| 整流二极管 | 锗二极管 | 贴片二极管 | 发光二极管 |

图 1-10　常见二极管的外形

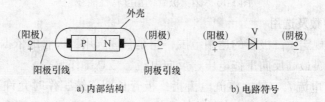

a) 内部结构　　　　　　　　b) 电路符号

图 1-11　二极管的内部结构与电路符号

动手试试：绘出二极管的电路符号，并注明极性。

2. 二极管的伏安特性（外部特性）

二极管的核心是 PN 结，它的特性就是 PN 结的特性——单向导电性，因此经常利用伏安特性曲线来形象地描述二极管的单向导电性。图 1-12 为硅二极管的伏安特性曲线，其中 u 表示加在二极管两端的电压，i 表示流过二极管的电流。

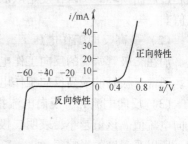

图 1-12　硅二极管的伏安特性曲线

特性曲线可以分为两部分进行分析：加正向电压时的特性叫做正向特性（见图 1-12 中右半部分）；加反向电压时的特性叫做反向特性（见图 1-12 中左半部分）。

（1）正向特性　当二极管的正向偏置电压大于死区电压后，流过二极管的正向电流会随着正向偏置电压的增大而迅速上升。通常硅管的死区电压约为0.5V，锗管约为0.1V。导通后硅管的电压为0.7V，锗管为0.3V。

（2）反向特性　当二极管加反向偏置电压时，流过二极管的反向电流数值很小，且很快保持不变，称为反向饱和电流。通常硅管的反向饱和电流为纳安（nA）数量级，锗管的为微安数量级。若反向电压增加到一定值时，流过二极管的反向电流会急剧增加，产生击穿现象。普通二极管的反向击穿电压一般在几十伏以上（高反压管可达几千伏）。

3. 二极管的温度特性

二极管的特性对温度很敏感，其规律是：在室温附近，在同一电流下，温度每升高1℃，正向压降减小2~2.5mV；温度每升高10℃，反向电流约增大一倍。图1-13给出了不同型号的锗二极管在不同温度下的温度特性曲线。

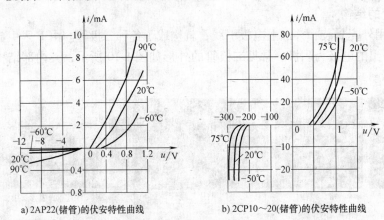

a) 2AP22(锗管)的伏安特性曲线　　　　b) 2CP10~20(锗管)的伏安特性曲线

图1-13　锗二极管的温度特性曲线

4. 二极管的参数及选用

二极管的参数规定了二极管的适用范围，它是合理选用二极管的依据。二极管的主要参数有最大整流电流、最高反向工作电压、反向电流、最高工作频率。

（1）最大整流电流 I_F　最大整流电流指二极管长期连续工作时允许通过的最大正向电流值，其值与PN结面积及外部散热条件等有关。由于电流通过二极管会使管芯发热、温度上升，若温度超过二极管容许的限度（硅管为141℃左右，锗管为90℃左右），就会使二极管管芯过热而损坏。所以在规定散热条件下，二极管的工作电流不应超过二极管的最大整流电流值。

（2）最高反向工作电压 U_R　最高反向工作电压指二极管工作时允许的最高反向电压值。加在二极管两端的反向工作电压达到一定值时，会将二极管击穿，使其失去单向导电能力。通常二极管的最高反向工作电压取其击穿电压的一半。

（3）反向电流 I_R　反向电流指二极管在规定的温度和最高反向工作电压作用下流过的反向电流值。该值越小，表明二极管的单向导电性越好。由于反向电流是由少数载流子形成的，所以受温度的影响很大。

（4）最高工作频率 f_M　最高工作频率指二极管工作的上限频率。超过此值，由于结电容的作用，二极管将不能很好地体现单向导电性。f_M的值主要取决于PN结结电容的大小，结电容越大, 二极管允许的最高工作频率越低。

表 1-1 为常用二极管的最大整流电流和最高反向工作电压。

表 1-1　常用二极管的最大整流电流和最高反向工作电压

二极管	最大整流电流/A	最高反向工作电压/V	二极管	最大整流电流/A	最高反向工作电压/V
1N4001	1	50	1N5401	3	100
1N4002	1	100	1N5408	3	1000
1N4007	1	1000			

通常情况下, 选择二极管的基本原则如下:

1) 要求导通电压低时选择锗管。

2) 要求反向电流小时选择硅管。

3) 要求击穿电压高时选择硅管。

4) 要求工作频率高时选择点接触型高频管。

5) 要求工作环境温度高时选择硅管。

小结:

◆ 二极管是单向的电子阀门, 使用二极管时, 正、负极不可接反。

◆ 二极管导通时存在正向压降: 硅管的典型值为 0.7V, 锗管的典型值为 0.3V。

1.2.2　二极管的测试及故障检测

1. 二极管的简易测试

二极管内部实质上是一个 PN 结。当外加正向电压, 即 P 端电位高于 N 端电位时, 二极管导通呈低电阻; 当外加反向电压, 即 N 端电位高于 P 端电位时, 二极管截止呈高电阻。因此可应用万用表的电阻档鉴别二极管的极性和判别其质量的好坏。

将万用表置于 "$R \times 100$" 档或 "$R \times 1k$" 档, 如图 1-14 所示。因为 "$R \times 1$" 档电流太大, "$R \times 10k$" 档电压太高, 都易损坏二极管, 所以不予采用。

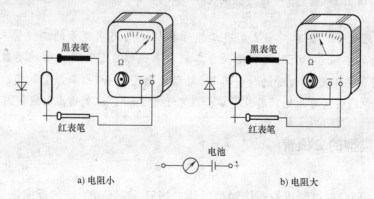

a) 电阻小　　　　　　　　　　　　　b) 电阻大

图 1-14　万用表简易测试二极管示意图

2. 二极管故障检测

故障现象: 开路、短路、温度特性差、参数退化。

开路与短路属于硬故障，硬故障出现几率较高，也容易检测。

温度特性差与参数退化属于软故障，软故障出现几率较低，但不易检测。

常见故障：断极开路、击穿短路。

检测方法：测量正、反向电阻。选择万用表的"$R \times 1k$"档，分别测出二极管的正、反向电阻。正常情况下，硅二极管的正向电阻为几百欧到几千欧，锗二极管的正向电阻为$100\Omega \sim 1k\Omega$，而它们的反向电阻通常为几十千欧到几百千欧。

若正、反向电阻都为0，则说明二极管短路损坏；若正、反向电阻都为无穷大，则说明二极管开路损坏。

3. 单色发光二极管检测

常见发光二极管的外形如图1-15所示。发光二极管属特殊二极管，与普通二极管一样是由一个PN结组成的，也具有单向导电性，其正向导通电压通常超过1V。

图1-15　常见发光二极管的外形

发光二极管的检测方法如下：

（1）目测法　根据发光二极管的两只管脚的长短不同判断，长的一端为正极，短的一端为负极。

（2）指针式万用表检测　将万用表置于欧姆档的"$R \times 10k$"档或最高档。检测时，用万用表两表笔交替接触发光二极管的两管脚，比较两次的电阻读数。若万用表读数小，发光二极管性能良好且能正常发光，则黑表笔所接的为正极，红表笔所接的为负极。

（3）数字万用表检测　将功能开关调到二极管测试档，若红表笔接二极管的正极、黑表笔接负极，则可显示二极管的导通电压，正常值为$1.8 \sim 2.3V$，且发光二极管发光，并有蜂鸣声。调换两表笔，显示屏应显示为"1"。若正测、反测均为"0"或者"1"，表明此二极管损坏。

> **小结：**
> ◆ 采用指针式万用表的欧姆档对二极管进行检测，是根据正、反向电阻不同来确定。采用数字万用表的二极管测试档进行检测，则是根据正向导通电压与反向截止电压不同来确定。
> ◆ 在修理电子设备时，如果发现二极管损坏，则用同型号的二极管来替换。如果找不到同型号的二极管，可改用其他型号二极管来代替，替代二极管的参数I_F、U_R和f_M应不低于原管，且替代二极管的材料类型（硅管或锗管）一般应和原管相同。
> ◆ 二极管的引线弯曲处距离外壳端面应不小于2mm，以免造成引线折断或外壳破裂。

1.2.3　其他类型的二极管

1. 稳压管

稳压管是一种硅材料制成的面接触型晶体二极管。它是PN结的反向击穿特性的应用。当稳压管工作在反向击穿区时，反向电流在较大范围内变化，但稳压管两端电压基本保持不变，表现出稳压的特性。稳压管广泛用于稳压电源与限幅电路中，其外形、符号及应用电路如图1-16所示。

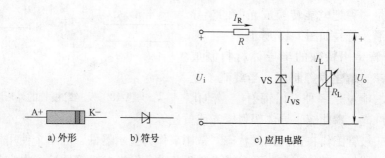

图 1-16　稳压管的外形、符号及应用电路

使用稳压管需要注意的几个问题：

1）外部输入信号的正极应接稳压管的 N 区，负极接稳压管的 P 区，保证稳压管工作在反向击穿区。

2）稳压管应与负载电阻 R_L 并联。

3）必须通过限流电阻 R 限制流过稳压管的电流 I_{VS} 不能超过规定值，以免因过热而烧毁稳压管。

（1）稳压管的伏安特性　稳压管具有与普通二极管相类似的伏安特性，其正向特性与一般二极管相同，反向击穿区的曲线很陡，几乎平行于纵轴，表现出很好的稳压特性，如图 1-17 所示。只要控制反向电流不超过一定值，稳压管就不会因过热而损坏。

（2）稳压管的主要参数

1）稳定电压 U_z：稳定电压是稳压管工作在反向击穿区时的稳定工作电压。由于稳定电压随着工作电流的不同而略有变化，因而测试 U_z 时应使稳压管的电流为规定值。稳定电压 U_z 是根据要求挑选稳压管的主要依据之一。

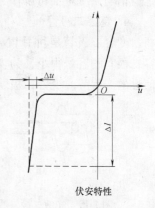

伏安特性

图 1-17　稳压管的伏安特性

2）稳定电流 I_z：稳定电流是使稳压管正常工作时的最小电流，低于此值时稳压效果较差。工作时应使流过稳压管的电流大于此值。一般情况下，稳压管的工作电流较大时，其稳压性能也较好。但电流要受稳压管功耗的限制，即 $I_{z\,max} = P_z/U_z$。

3）额定功耗 P_z：由于稳压管两端的电压值为 U_z，而管子中又流过一定的电流，因此要消耗一定的功率，这部分功耗转化为热能，会使稳压管发热，P_z 取决于稳压管允许的温升。

表 1-2 为常用稳压管的型号及稳压值。

表 1-2　常用稳压管的型号及稳压值

型　号	稳压值/V	型　号	稳压值/V	型　号	稳压值/V
1N4728	3.3	1N4733	5.1	1N4750	27
1N4729	3.6	1N4734	5.6	1N4751	30
1N4730	3.9	1N4735	6.2	1N4761	75
1N4732	4.7	1N4744	15		

2. 发光二极管

发光二极管简称 LED，也是由 PN 结构成的，同样具有单向导电性，但在正向导通时能发光，所以它是一种把电能转换成光能的半导体器件，其外形及符号如图1-18所示。

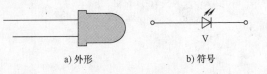

a) 外形   b) 符号

图1-18 发光二极管的外形及符号

发光二极管是用特殊的半导体材料制成的，常用砷化镓、磷化镓等制成，当载流子复合时，释放出的能量是一种光谱辐射能。砷化镓半导体辐射红光，磷化镓半导体辐射绿光或黄光等。

普通发光二极管工作在正向偏置状态。常用来作为显示器件，除单个使用外，也常做成七段式或矩阵式器件，其检测方法可参考1.2.2节单色发光二极管的检测内容。

3. 光敏二极管

光敏二极管的结构与普通二极管类似，但光敏二极管工作在反向偏置状态，它的管壳上有一个玻璃窗口，以便接受光照，其外形及符号如图1-19所示。

光敏二极管的应用很广泛，主要用于需要光-电转换的自动探测、控制装置，在光导纤维通信与系统中还可以作为接收器件等。

4. 变容二极管

变容二极管是利用PN结电容可变原理制成的半导体器件，它工作在反向偏置状态。变容二极管的容量很小，为皮法(pF)数量级，所以主要用于高频场合下，例如电调谐、调频信号的产生等。变容二极管的符号如图1-20所示。

a) 外形   b) 符号

图1-19 光敏二极管的外形及符号   图1-20 变容二极管的符号

小结：
- 稳压管是利用了二极管在反向击穿时电压基本不变的特性，其工作在反向击穿区。
- 发光二极管工作在正偏状态，其导通电压比普通二极管高。
- 光敏二极管工作在反偏状态，可实现光-电的转换。
- 变容二极管工作在反偏状态，相当于压控电容。

1.2.4 二极管的各种应用电路

二极管的基本应用电路有：开关电路、整流电路、稳压电路、限幅电路、光-电转换与电-光转换电路、电调谐电路等。其中，开关电路、整流电路及限幅电路使用的二极管为普通二极管，其他电路所使用的二极管则为相应的特殊二极管。

1. 开关电路

原理：图1-21所示为一简单电子开关电路，u_i为交流信号（有用信息）是受控对象，U_S为控制二极管VD通断的直流电压，其值最大可达几伏以上。当$U_S = 0$时，VD截止；当U_S为几伏以上时，VD导通。

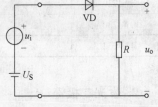

图1-21 简单电子开关电路

功能：通过直流 U_S 对 VD 的控制，实现对交流信号的开关控制。

2. 整流电路

所谓整流，就是将交流电变为单方向脉动的直流电。利用二极管的单向导电性可组成单相、三相等各种形式的整流电路。图 1-22a 所示为一单相整流电路。

原理：u_i 为交流信号，当 u_i 输入正半周时，VD 导通，此时 $u_o = u_i$；当 u_i 输入负半周时，VD 截止，此时 $u_o = 0$。电路输入信号与输出信号的波形如图 1-22b 所示。

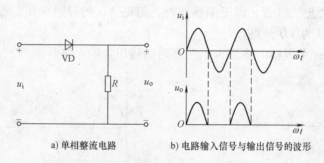

a) 单相整流电路　　　　b) 电路输入信号与输出信号的波形

图 1-22　单相整流电路及电路输入信号与输出信号的波形

功能：通过二极管 VD 可将双向交流信号变成单向脉动信号。

动手试试：二极管整流电路的测量与观察。

实验电路：电路如图 1-22 所示，图中 R 为 1kΩ，VD 为 1N4148。

实验仪器：信号发生器（产生幅值为 3V/50Hz 的正弦交流信号）、双踪示波器。

实验要求：绘制出示波器显示的输入与输出波形，并进行比较。

3. 稳压电路

由稳压管构成的简单稳压电路如图 1-23 所示，图中 R 为限流电阻。

原理：利用稳压管在反向击穿时电流可在较大范围内变动但击穿电压却基本不变的特点，当输入电压变化时，输出电压基本不变。当负载电阻变化时，输出电压基本不变。

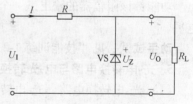

功能：在输入电压 U_I 和负载 R_L 在一定范围内变化时，该电路能保持输出电压基本不变。

动手试试：简单稳压电路的测量。

图 1-23　稳压管稳压电路

实验电路：如图 1-23 所示，R 为 470Ω/1W，VS 为稳压管 1N47 系列，负载电阻 $R_L = 10kΩ$。

实验仪器：直流稳压电源、数字万用表。

实验步骤：

1）按照图 1-23 连接电路。

2）输入直流电压 $U_I = 20V$，负载电阻 $R_L = 10kΩ$，测量输出电压 U_0，并记录 $U_0 = $ _____。

3）改变输入电压，使 $U_I = 25V$，负载电阻 R_L 不变，测量输出电压 U_0，并记录 $U_0 = $ _____。

结果表明：当输入电压在一定范围内变化时，电路的输出电压_____（基本保持不变/随输入电压变化而变化）。

4）改变负载电阻，使 $R_L = 5k\Omega$，输入电压 U_I 不变，测量输出电压 U_0，并记录 $U_0 = $ _____。

结果表明：当负载电阻在一定范围内变化时，电路的输出电压_____（可以基本保持不变/随负载电阻变化而变化）。

4. 限幅电路

限幅电路又称为限幅器、削波器，主要功能是限制输出电压的幅度。为讨论方便起见，假设二极管 VD 为理想二极管，即正偏导通时，忽略 VD 的导通电压，近似认为 VD 短路；反偏截止时，近似认为 VD 开路。

图1-24 所示为一单限幅电路及其 U_S 为零时的输出与输入波形。

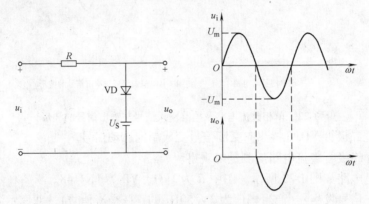

图1-24　单限幅电路及其 U_S 为零时的输出与输入波形

原理：输入 u_i 为正弦交流信号，设 $U_S = 0V$，即限幅电平为 0V。当 $u_i > 0$ 时，二极管导通；$u_o = 0V$；当 $u_i < 0$，二极管截止，$u_o = u_i$。输出与输入的波形如图1-24 所示。

功能：该限幅器的输出是一个由直流电源 U_S 控制的限幅信号，改变 U_S 值就可改变限幅电平。

动手试试：见"技能训练1-2　二极管的应用电路——双限幅电路的测试与观察"。

5. 光-电转换电路与电-光转换电路

（1）光-电转换电路　光-电转换电路如图1-25 所示。

原理：实际的输入信号是光输入信号，而不是电压 U。首先光信号的变化将引起光敏二极管中载流子（少子）的变化，引入电压 U 的作用就是将该变化转化为相应的电流或电压的变化。注意，U 的作用同时还应使光敏二极管处于反偏状态，因为正偏状态下，光敏二极管本身有较大的正向导通电流（与光信号无关），而受光信号控制的电流却很小，从而无法得到正常的有用输出信号。

应用：路灯自动控制、红外遥控（接收）、光定位系统和光纤通信系统等。

（2）电-光转换电路　电-光转换电路如图1-26 所示。

图1-25　光-电转换电路　　　　　　　图1-26　电-光转换电路

原理：电路中，输入信号是电压 U。注意：该电路中的发光二极管处于正偏状态。

应用：电源指示电路、低亮度照明电路、红外遥控（发射）、光定位系统和光通信系统等。

6. 电调谐电路

由变容二极管构成的简单电调谐电路（原理电路）如图 1-27 所示。

原理：电路中，实际的输入信号是交流电压 u_i，直流电压 U 的作用是控制变容二极管的容量大小，以控制谐振电路的谐振频率而达到选频的目的。注意，U 同时还具有使变容二极管处于反偏状态的作用。

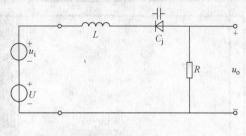

图 1-27　电调谐电路

应用：在很多无线电设备的选频或其他电路中，经常要用到调谐电路。与机械调谐电路相比，电调谐电路因具有体积小、成本低、可靠性高和易与 CPU 进行接口等优点而得到广泛应用。

小结：
◆ 二极管有各种应用，利用其单向导电性的有检波、整流、开关、限幅电路等。
◆ 稳压电路、光-电转换电路、电调谐电路则利用了二极管的特殊性。

思考与练习

1. 如何将二极管正向偏置？

2. 请用万用表测量二极管的正向电阻和反向电阻，并比较它们的值的范围。

3. 写出图 1-28 中各电路的输出电压值，设二极管导通电压为 0.7V。

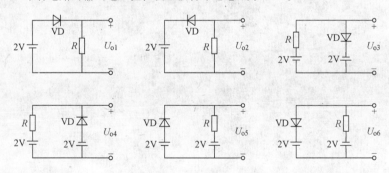

图 1-28　思考与练习 3 图

4. 仿真训练：二极管伏安特性的测试。测试电路如图 1-29 所示。

测试步骤：

1）按图 1-29 选择元器件，其中二极管型号选用 1N4001，测试仪器为 IV 分析仪（即仿真电路中的 "XIV1"）。

2）双击 IV 分析仪，选择器件类型为 Diode（二极管），设定合适的仿真参数，并按照提示连接电路。

3）单击仿真运行按钮，可以得到扫描分析结果。

4）观察仿真结果，画出 1N4001 的伏安特性曲线。

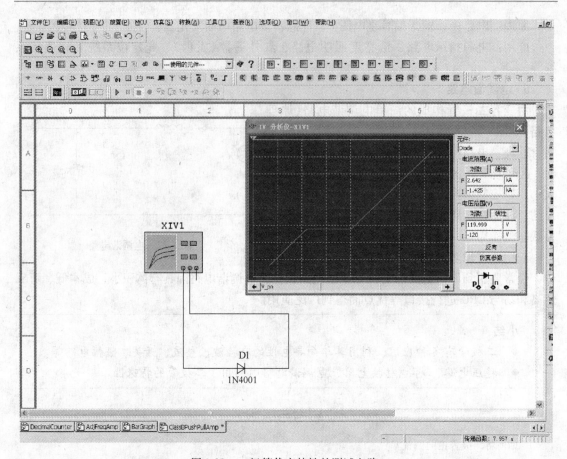

图 1-29　二极管伏安特性的测试电路

技能训练 1-2　二极管的应用电路——双限幅电路的测试与观察

实验平台：虚拟实验室。

实验目的：

1）熟练读图且按要求选择元器件，搭建电路。

2）正确使用示波器测试输入与输出波形。

3）正确绘制输入、输出波形图。

4）分析总结限幅电路所实现的功能。

实验电路：图 1-30 为一双限幅电路，设 VD_1、VD_2 为 1N4148，$R = 270\Omega$。

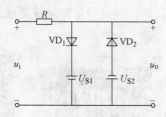

图 1-30　双限幅电路

实验仪器：

1）信号发生器：产生幅值为 10V/50Hz 的正弦交流信号 u_i。

2）直流稳压电源：产生 5V 直流电压，即 $U_{S1} = U_{S2} = 5V$。

3）双踪示波器：用于观察输入 u_i 与输出 u_o 的波形。

实验步骤：

1）按图 1-25 选择元器件，设置参数、布局、连接电路。

2）用示波器观察输入与输出电压的波形。

3）绘制输入与输出波形？

实验结论（参看二极管相关知识）：

1.3　晶体管

> 晶体管的认识
> 晶体管的特性、参数及选用
> 晶体管的检测
> 晶体管在实际应用中的注意事项

晶体管又叫半导体晶体管，英文缩写为 BJT，以下简称为晶体管。它是放大电路最基本的器件之一，常见晶体管的外形如图 1-31 所示。

晶体管的出现，使电子电路从电子管时代一下子跃进了"矿石"时代，它大大推进了电子设备体积的缩小以及性能的提高，更进一步发展成集成芯片以及计算机处理器这样高集成度的半导体芯片。

　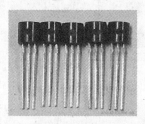　

a) 大功率晶体管　　　　　　b) 低频放大管　　　　　　　c) 塑封大功率管

图 1-31　常见晶体管的外形

1.3.1　晶体管的认识

1. 晶体管的结构、型号

（1）晶体管的结构　　晶体管的内部结构为两个 PN 结。这两个 PN 结是由三层半导体区形成的。根据三层半导体区排列的方式不同，晶体管可分为 NPN 型和 PNP 型两种类型，如图 1-32 所示。

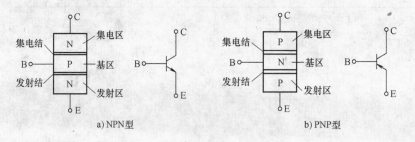

a) NPN型　　　　　　　　　　　　b) PNP型

图 1-32　晶体管的结构示意图

无论是 NPN 型还是 PNP 型的晶体管，它们的结构都包含三个区：发射区、基区和集电区，并相应地引出三个电极：发射极（E）、基极（B）和集电极（C）。同时，在三个区的两两交界处，形成两个 PN 结，分别称为发射结和集电结。

为了保证晶体管有电流放大作用，晶体管在制造时有以下特点：

1）基区很薄，一般厚度为几微米到几十微米，且掺杂浓度低。

2）发射区的掺杂浓度比基区和集电区高得多。

3）集电结的面积比发射结大。

所以晶体管并非两个 PN 结的简单组合，不能用两只二极管来代替，在放大电路中也不可将发射极和集电极对调使用。

（2）晶体管的型号　常用的半导体材料有硅和锗，因此共有四种晶体管类型。在我国，它们对应的型号分别为 3A（锗 PNP 型）、3B（锗 NPN 型）、3C（硅 PNP 型）、3D（硅 NPN 型）四种系列。

国内的合资企业生产的晶体管有相当一部分是采用国外同类产品的型号，如 2SC1815、2SA562 等。

美国生产的晶体管型号是用 2N 开头的，N 是美国电子工业协会注册标志，其后面的数字表示登记序号，如 2N6275、2N5401、2N5551 等。从型号中无法反映出晶体管的极性、材料及高、低频特性和功率的大小。

韩国三星电子公司生产的晶体管在我国电子产品中的应用也很多，它是以四位数字表示晶体管的型号，常用的有 9011～9018 等几种型号。其中 9011、9013、9014、9016、9018 为 NPN 型晶体管；9012、9015 为 PNP 型晶体管；9016、9018 为高频晶体管；9012、9013 为功放管，它的耗散功率为 625MW。

2. 晶体管的应用

晶体管可用作放大器和开关。在模拟电路中，晶体管贡献最大、最宝贵的特性是具有电流放大作用，图 1-33 所示为 NPN 型管脚电流关系示意图。

当 BE 结正向偏置、BC 结反向偏置时，I_b、I_e、I_c 之间将会有如下关系：

$$I_e = I_c + I_b \text{ 且 } I_b \ll I_c$$

$$\beta = \frac{I_c}{I_b}$$

$$I_e = (1 + \beta) I_b$$

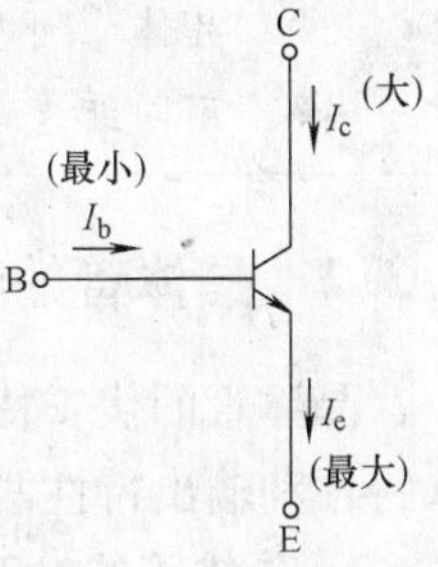

图 1-33　NPN 型管脚
电流关系示意图

从上面的式子可以看出：只要满足偏置条件，集电极电流总是等于基极电流的 β 倍，这个常数 β 可以通过加工工艺进行控制，其数值为几十到几千（超 β 管），可以说基极电流被晶体管放大了 β 倍，成了集电极电流。假若将一个外界信号叠加到基极电流中，那么就可以从集电极得到被电流放大了 β 倍的输出信号，常数 β 称为共发射极电流放大系数。

PNP 型管与 NPN 型管的分析相同，仅仅在极性上相反，对电源的极性要求相反。

3. 晶体管的接法

晶体管接入电路中具有三种连接方式，分别是共基极组态、共发射极组态和共集电极组态，图 1-34 所示为三种连接方式示意图。

判断放大电路属于哪种基本接法是判断放大电路基本性能的基础。因为不同连接方式的放大电路具有不同的特点和不同的适用场合。通常可通过信号的输入、输出方式，即看输入信号作用于哪个电极和输出信号通过哪个电极作用于负载来判断放大电路的基本接法，表 1-3 给出了晶体管放大电路三种连接方式的分析。

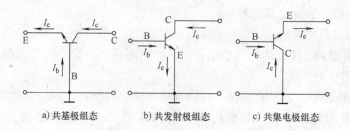

a) 共基极组态　　　　　b) 共发射极组态　　　　　c) 共集电极组态

图 1-34　三种连接方式示意图

表 1-3　晶体管放大电路三种连接方式的分析

基本接法	晶　体　管			基本接法	晶　体　管		
	输入端	输出端	公共端		输入端	输出端	公共端
共射	B	C	E	共基	E	C	B
共集	B	E	C				

小结：
◆ 晶体管有 NPN 型、PNP 型两种类型。
◆ 晶体管需要一定的偏流，才能发挥其放大作用，属电流驱动型器件。
◆ 晶体管可用作开关。
◆ 不同组态的放大电路具有不同的特点。

1.3.2　晶体管的特性、参数及选用

晶体管的伏安特性主要用来定性说明晶体管各极电流与电压的关系，最常用的特性为输入特性和输出特性两种。这里介绍应用最广泛的共发射极接法的输入、输出特性曲线。

1. 晶体管的输入、输出特性

以共射放大器为例，其特性测试电路如图 1-35 所示。图中，U_{BB} 为基极提供合适的直流偏置电压，V_{CC} 为集电极提供直流偏置电压；u_{CE} 指集电极与发射极之间的交流信号与直流偏置的叠加电压，u_{BE} 指基极与发射极之间的交、直流叠加电压。相应地，i_B、i_C、i_E 分别为流过基极、集电极和发射极的交、直叠加电流。

（1）输入特性　输入特性是指当集电极与发射极之间的电压 u_{CE} 为某一常数时，输入回路中加在 BJT 基极与发射极之间的输入电压 u_{BE} 与基极输入电流 i_B 的关系曲线。图 1-36 所示为 NPN 型硅 BJT 的输入特性曲线。

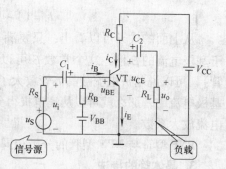

图 1-35　共射放大器特性测试电路

1）当 $u_{CE} = 0$ 时，从输入端看进去，相当于两个 PN 结并联且正向偏置，此时的特性曲线类似于二极管的正向伏安特性曲线。

2）当 $u_{CE} \geqslant 1V$ 时，由图 1-36 可见，$u_{CE} \geqslant 1V$ 的曲线比 $u_{CE} = 0$ 时的曲线稍向右移。

（2）输出特性　输出特性是指当基极电流 i_B 不变时，输出回路中的电流 i_C 与电压 u_{CE} 之间的关系曲线，图 1-37 所示为 NPN 型硅 BJT 的输出特性曲线。

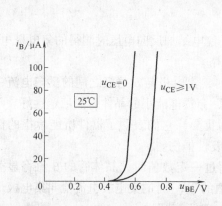

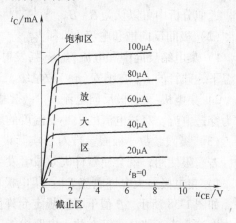

图 1-36　NPN 型硅 BJT 的输入特性曲线　　　　图 1-37　NPN 型硅 BJT 的输出特性曲线

在输出特性曲线上，可以把晶体管的工作状态分为三个区域：截止区、放大区和饱和区。

1）截止区。一般将 $i_B \le 0$ 的区域称为截止区，在图中为 $i_B = 0$ 曲线的以下部分。此时 i_C 也近似为零。由于各极电流都基本上等于零，此时晶体管没有放大作用。

在截止区，晶体管的两个 PN 结均处于反向偏置状态。对于 NPN 型晶体管，则有：$u_{BE} < 0$，$u_{BC} < 0$，即 B 极电位最低。

2）放大区。此时发射结正向偏置，集电结反向偏置。在曲线上是比较平坦的部分，表示当 i_B 一定时，i_C 的值基本上不随 u_{CE} 的变化而变化，即 i_B 固定时，i_C 基本不变，具有恒流的特性。改变 i_B，则可以改变 i_C，而且 i_B 远小于 i_C，表明 i_C 是受控制的受控电流源，有电流放大作用。

对于 NPN 型晶体管，工作在放大区时，$u_{BE} \ge 0.7\text{V}$，而 $u_{BC} < 0$。

3）饱和区。曲线靠近纵轴附近，各条输出特性曲线的上升部分属于饱和区。在这个区域，不同 i_B 值的各条特性曲线几乎重叠在一起，即当 u_{CE} 较小时，晶体管的集电极电流 i_C 基本上不随基极电流 i_B 的变化而变化，这种现象称为饱和。此时晶体管失去了放大作用。

晶体管工作在饱和区时，发射结和集电结都处于正向偏置状态。对 NPN 型晶体管，$u_{BE} > 0$，$u_{BC} > 0$。

2. 晶体管的参数

晶体管的参数是表明晶体管性能的数据以及描述晶体管安全使用范围的物理量，是正确、可靠使用器件的基础。这里介绍几个设计时必须了解的参数：

（1）共射电流放大系数　电流放大系数是表示晶体管的电流放大能力的参数。由于制造工艺的离散性，即使同一型号的晶体管，其电流放大系数也有很大差别，常用晶体管的电流放大系数一般在 20 ~ 200 之间。

1）共射交流电流放大系数 β：β 体现共射极接法之下的电流放大作用。

$$\beta = \frac{\Delta I_C}{\Delta I_B}\bigg|_{U_{CE}=常数}$$

2）共射直流电流放大系数 $\bar{\beta}$：$\bar{\beta} = \dfrac{I_C - I_{CEO}}{I_B}$。

近似分析中可以认为 $\beta \approx \bar{\beta}$。

（2）极间反向饱和电流 I_{CBO} 和 I_{CEO}。

1）集电结反向饱和电流 I_{CBO}：指发射极开路、集电结加反向电压时测得的集电极电流。常温下，硅管的 I_{CBO} 在纳安（nA）数量级，通常可忽略。

2）集电极-发射极反向电流 I_{CEO}：指基极开路时，集电极与发射极之间的反向电流，也称为穿透电流，穿透电流的大小受温度的影响较大，穿透电流小的晶体管热稳定性好。

（3）极限参数　极限参数对于实际设计时尤为重要，它们表明了器件所能承担的极限量，若超限使用，就会使器件失效或者发生不可恢复性损伤。

1）集电极最大允许电流 I_{CM}：集电极电流 I_C 超过一定数值时，晶体管的 β 值将显著下降，如图1-38所示。β 值下降到规定允许值（额定值的2/3）时的集电极电流值叫集电极最大允许电流。为了使晶体管在放大电路中能正常工作，I_C 不应超过 I_{CM}。

2）集电极最大允许功率损耗 P_{CM}：晶体管工作时，集电结处于反向偏置，电阻很大。I_C 通过集电结时，产生热量使结温升高。若结温过高，晶体管将烧坏。因此，对集电极耗散功率要有限制。集电结最大允许承受的功率叫集电极最大允许功耗。P_{CM} 是受环境温度影响的，温度升高，P_{CM} 将会相应变小。使用时应保证：当晶体管工作时，晶体管两端电压为 U_{CE}，集电极电流为 I_C，因此集电极损耗的功率为 $P_C = I_C U_{CE}$。

由此可得到晶体管的安全工作区，如图1-39所示。

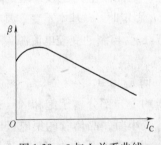

图1-38　β 与 I_C 关系曲线

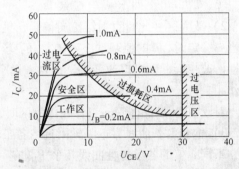

图1-39　晶体管的安全工作区

（4）反向击穿电压 U_{CEO}　反向击穿电压 U_{CEO} 是指基极开路时，加在集电极与发射极之间的最大允许电压。工作时，如果晶体管两端的电压 $U_{CE} > U_{CEO}$，集电极电流 I_C 将急剧增大，发生击穿。管子击穿将造成晶体管永久性的损坏。晶体管电路的电源 V_{CC} 值如果选得过大，有可能会出现管子截止时，$U_{CE} > U_{CEO}$ 的现象。一般情况下，晶体管电路的电源电压 V_{CC} 应小于 $U_{CEO}/2$。

（5）特征频率 f_T 由于晶体管中 PN 结结电容的存在，晶体管的放大能力会随着信号频率的升高而下降。晶体管的特征频率 f_T 是指使放大倍数 β 下降到1时的信号频率，它表征了晶体管的高频特性。特征频率高的晶体管能用于高频电路（一般要求晶体管的特征频率大于信号频率的10倍），但是在低频电路里用特征频率太高的晶体管有可能引起高频振荡。

3. 晶体管的选用

小功率晶体管在电子电路中的应用最多。主要用作小信号的放大、控制或振荡器。根据用途的不同，一般选用晶体管要考虑以下几个方面的因素：特征频率、集电极最大耗散功率、电流放大系数、反向击穿电压、稳定性及饱和压降等。

选用晶体管时首先要搞清楚电子电路的工作频率大概是多少。如中波收音机振荡器的最高频率是 2MHz 左右；而调频收音机的最高振荡频率为 120MHz 左右。工程设计中一般要求晶体管的特征频率 f_T 大于 3 倍的实际工作频率，所以可按照此要求来选择晶体管的 f_T。由于硅材料高频晶体管的 f_T 一般不低于 50MHz，所以在音频电子电路中使用这类晶体管可不考虑 f_T 这个参数。

通常晶体管的 β 值选大一些较好，但 β 太高易引起自激振荡，且 β 高的晶体管工作多不稳定，受温度影响大，另外，从整个电路来说，还应从各级的配合来选择晶体管的 β 值。

晶体管的反向击穿电压 U_{CEO} 的选择可以根据电路的电源电压来决定，一般情况下只要大于电路中电源的最高电压即可。

晶体管的穿透电流 I_{CEO} 越小，则其稳定性越好，所以普通硅管的稳定性比锗管的稳定性要好得多，但硅管比锗管的饱和压降要高，在某些电路中会影响电路的性能，应根据具体情况选用。

选用晶体管的功率时，应根据不同电路的要求留有一定的余量。

4. 温度对晶体管参数的影响

晶体管几乎所有的参数都与温度有关，其中，以下三个参数受温度的影响最大。

（1）温度对 β 的影响　晶体管的 β 随温度的升高而增大，温度每上升 1℃，β 值增大 0.5%~1%，其结果是在 I_B 相同的情况下，集电极电流 I_C 随温度上升而增大。

（2）温度对反向饱和电流 I_{CEO} 的影响　I_{CEO} 是由少数载流子漂移运动形成的，它与环境温度关系很大，I_{CEO} 随温度上升会急剧增加。温度上升 10℃，I_{CEO} 将增加一倍。由于硅管的 I_{CEO} 很小，所以，温度对硅管 I_{CEO} 的影响不大。

（3）温度对发射结电压 u_{BE} 的影响　和二极管的正向特性一样，温度上升 1℃，u_{BE} 将下降 2 ~ 2.5mV。

综上所述，随着温度的上升，β 值将增大，i_C 也将增大，u_{CE} 将下降，这对晶体管的放大作用不利，使用中应采取相应的措施克服温度的影响。

小结：
◆ 晶体管的输出特性包含截止工作区、放大工作区和饱和工作区。
◆ 晶体管的参数会受温度影响。

1.3.3 晶体管的检测

1. 晶体管的管脚判别

要准确地了解一只晶体管的类型、性能与参数，需要用专门的测量仪器进行测试，但一般粗略判别晶体管的类型和管脚时，可利用万用表测量的方法判断。

（1）基极的判别　测试步骤：将模拟万用表的"功能开关"拨至"$R \times 1k$"档，假设晶体管中的任一电极为基极，并将黑表笔（表内电源的正极）始终接在假设的基极上，再用红表笔分别接触另外两个电极，轮流测试，如图 1-40 所示。若测出的两个电阻值都很小或都很大，说明假设的基极是正确的。其中，测得的电阻都很小的晶体管为 NPN 型，测得的电阻都很大的晶体管则为 PNP 型。

（2）集电极和发射极的判别　将万用表置于 h_{FE} 档，将晶体管插入测量插座（基极插入 B 孔，另两个管脚随意插入），记下 β 读数。再将另两个管脚对调后插入，也记下 β 读数。两次测量中，读数大的那一次管脚插入正确，此时插入 C、E 孔的分别为晶体管的集电极和发射极。

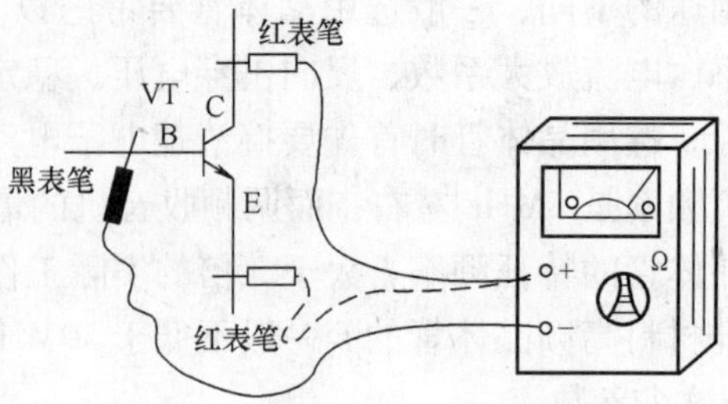

图 1-40　晶体管的管脚测试示意图

2. 晶体管故障检测

常见故障：击穿短路、断极开路、温度特性差。

方法：要判断晶体管的好坏首先要认定其三个电极，可用万用表"$R \times 100$"档或"$R \times 1k$"档进行测量。测两个 PN 结的正向电阻，应为几百欧或几千欧。然后把表笔对调再测量一次，两次阻值都应在几十千欧以上。

若 PN 结的正向电阻为无穷大，则说明晶体管内部断路；若 PN 结的反向电阻为零，或者 C 极与 E 极之间的电阻为 0，则说明晶体管内部击穿或短路。

1.3.4　晶体管在实际应用中的注意事项

1. 功率和发热管理

电气设备都存在一个共同的问题是：只要工作，就会发热。而发热是电子器件老化和损坏的主要原因。对半导体器件而言，工作时产生的热量会使结温升高。一方面会影响电路的性能，另一方面，结温过高会导致晶体管烧坏。结温是处于电子设备中实际半导体芯片的 PN 结的最高温度。它通常高于外壳温度和器件表面温度。当 PN 结达到这个温度时，就可能会发生某些故障。

对于晶体管，功率的耗散（消耗）将使得承受很高电压的集电结的结温升高，通常硅晶体管的最高结温为 150～200℃，锗晶体管的为 85～125℃。若要提高晶体管的输出功率，则应当降低热阻和降低环境温度，以增强散热能力，使集电结的结温不要超过最高结温。良好的散热设计对提高功率有着显著的作用，同时也是确保产品寿命和可靠性的前提。

2. 降低结温的途径

1）减少器件本身的热阻。

2）良好的二次散热机构。

3）减少器件与二次散热机构安装界面之间的热阻。

4）控制额定输入功率。

5）降低环境温度。

> 小结：
> ◆ 晶体管的三个管脚不能混用，可采用万用表进行检测。
> ◆ 晶体管工作在放大状态时，三个管脚的电位满足一定的规律。
> ◆ 发热是电子器件的最大杀手。大多数散热器是把热量散发到周围空气中，主要散热方式是对流。

思考与练习

1. 有两只晶体管,一只的 $\beta = 200$, $I_{CEO} = 200\mu A$;另一只的 $\beta = 100$, $I_{CEO} = 10\mu A$,其他参数大致相同。你认为应选用哪只晶体管?为什么?

2. 当晶体管工作在放大区时,发射结电压和集电结电压应为_____。

3. 测得某 NPN 型晶体管的 $U_{BE} = 0.7V$, $U_{CE} = 0.2V$,由此可判定它工作在_____区。

4. 在晶体管放大电路中测得三只晶体管的各个电极的电位如图 1-41 所示。试判断各晶体管的类型(是 PNP 型管还是 NPN 型管,是硅管还是锗管),并区分 E、B、C 三个电极。

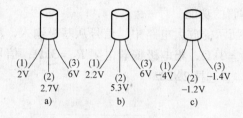

图 1-41　思考与练习 4 图

5. 在图 1-42 所示电路中,若选用 3DG6D 型号的晶体管。

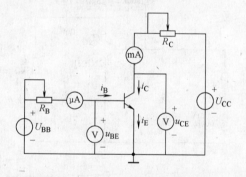

图 1-42　思考与练习 5 图

(1) 电源电压 U_{CC} 最大不得超过多少伏?

(2) 根据 $I_C \leqslant I_{CM}$ 的要求,R_C 电阻最小不得小于多少千欧?

6. 判断图 1-43 所示的几种放大电路为何种组态。

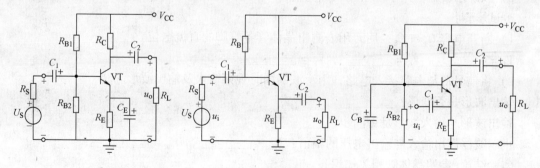

图 1-43　思考与练习 6 图

技能训练1-3 晶体管应用电路的测试与观察

实验平台：虚拟实验室。

实验目的：

1）读图并按要求搭建电路。

2）正确使用示波器观测波形。

3）能正确读出输入、输出波形的幅值。

4）分析电路中的晶体管的功能。

实验电路：在图1-44所示的放大电路中，信号从基极输入，从集电极输出。设直流电源 $V_{CC} = 12V$，负载电阻 $R_L = 3k\Omega$，集电极偏置电阻 $R_2 = 3k\Omega$，信号源内阻 $R_3 = 3k\Omega$，基极偏置电阻 $R_4 = 300k\Omega$，晶体管选择 2N2221。

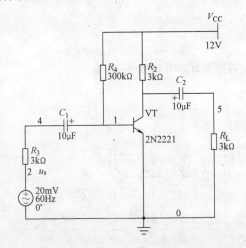

图1-44 晶体管应用电路

实验仪器：

1）数字万用表：用于测量直流电压。

2）双踪示波器：用于观察输入 u_i 与输出 u_o 的波形。

测试步骤：

1）断开电容 C_1 与 C_2，用万用表测出晶体管各管脚的直流电位。

$V_B =$ _____，$V_C =$ _____，$V_E =$ _____。

2）将信号源与电容接入电路，用示波器同时观察输入及输出波形。

输出波形是否变形？ _____

输出波形与输入波形是否同步？ _____

由示波器读出输入与输出电压的幅值：$U_{im} =$ _____，$U_{om} =$ _____。

实验结论（参照晶体管相关知识）：

_____。

1.4　场效应晶体管

➢ 结型场效应晶体管
➢ 绝缘栅型场效应晶体管
➢ 结型与绝缘栅型场效应晶体管的主要参数
➢ 功率场效应晶体管

场效应晶体管是利用电压控制电流的一种半导体器件。由于它仅靠半导体中的多子导电，又称单极型晶体管，图 1-45 为常见场效应晶体管的外形。场效应晶体管不但具备体积小、寿命长、制造工艺简单和便于集成化等优点，而且其输入回路的内阻高达 $10^7 \sim 10^{12}\,\Omega$，工作时噪声低、热稳定性好、抗辐射能力强，且比晶体管耗电少，这使之从诞生起就广泛应用于各种电子电路中。

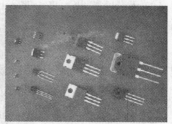

图 1-45　常见场效应晶体管的外形

场效应晶体管按结构分为结型场效应晶体管和绝缘栅型场效应晶体管两类。每一类又有 N 沟道和 P 沟道之分。

1.4.1　结型场效应晶体管

1. 结型场效应晶体管的结构及工作原理

（1）结型场效应晶体管的基本结构及符号　结型场效应晶体管的英文缩写为 JFET，有 N 沟道和 P 沟道两种类型。N 沟道 JFET 的结构如图 1-46a 所示，在一块 N 型半导体材料的两边各扩散一个高杂质浓度的 P^+ 区，就形成两个对称的 PN 结，即耗尽层。把两个 P^+ 区并联在一起，引出一个电极 G，称为栅极；在 N 型半导体的两端各引出一个电极，分别称为源极 S 和漏极 D。它们分别与晶体管的基极 B、发射极 E 和集电极 C 相对应。夹在两个 PN 结中间的 N 区是电流的通道，称为导电沟道（简称沟道）。这种结构的管子称为 N 沟道结型场效应晶体管，它在电路中用图 1-46b 所示的符号表示，栅极上的箭头表示栅-源极间的 PN 结正向偏置时栅极电流的方向（由 P 区指向 N 区）。

同样，用两个 N^+ 区夹着一个薄的 P 区就形成 P 沟道结型场效应晶体管，其结构如图 1-47a 所示。图 1-47b 所示为 P 沟道 JFET 的符号，从符号上可以识别 D、S 之间是 N 沟道还是 P 沟道。

（2）工作原理　N 沟道和 P 沟道结型场效应晶体管的工作原理完全相同，现以 N 沟道结型场效应晶体管为例，分析其工作原理。

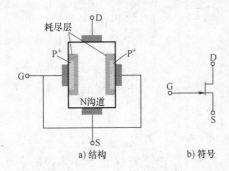

图 1-46 N 沟道 JFET 的结构及符号

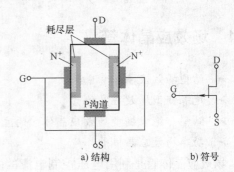

图 1-47 P 沟道 JFET 的结构及符号

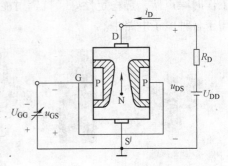

图 1-48 N 沟道 JFET 的偏置
电路及工作示意图

N 沟道结型场效应晶体管工作时，需要外加图 1-48 所示的偏置电压，即在其栅-源极之间加一个负电压 u_{GS}（即 $u_{GS} < 0$），以保证耗尽层承受反向电压；在漏-源极之间加正向电压 u_{DS}（即 $u_{DS} > 0$），以使 N 沟道中的多数载流子电子在电场作用下由源极向漏极移动，形成漏极电流 i_D。

i_D 的大小主要受栅源电压 u_{GS} 控制，同时也受漏源电压 u_{DS} 的影响。因此，讨论场效应晶体管的工作原理就是讨论栅源电压 u_{GS} 对沟道电阻及漏极电流 i_D 的控制作用，以及漏源电压 u_{DS} 对漏极电流 i_D 的影响。

栅源电压 u_{GS} 对沟道电阻及漏极电流 i_D 的控制作用：若漏-源极间的正向电压 $u_{DS} = 0$，改变加在栅-源极间的反向电压 u_{GS} 的大小，可以改变耗尽层的宽度，进而改变沟道的宽度和电阻，从而实现控制漏极电流 i_D 的功能。当 u_{GS} 反向电压值增加到某一数值 $u_{GS(off)}$ 时，整个沟道被耗尽层完全夹断，$u_{GS(off)}$ 称为夹断电压。此时，漏-源极之间的电阻趋于无穷大，管子处于截止状态，$i_D = 0$。

漏源电压 u_{DS} 对漏极电流 i_D 的影响：设 u_{GS} 值固定，且 $u_{GS(off)} < u_{GS} < 0$，当漏源电压 u_{DS} 从零开始增大时，沟道中有电流 i_D 流过，由于沟道存在一定的电阻，因此，i_D 沿沟道产生的电压降使沟道内各点的电位不再相等，漏极端电位最高，源极端电位最低。这就使栅极与沟道内各点间的电位差不再相等，其绝对值沿沟道从漏极到源极逐渐减小，在漏极端最大（为 $|u_{DS}|$），即加到该处 PN 结上的反偏电压最大，这使得沟道两侧的耗尽层从源极到漏极逐渐加宽，沟道宽度不再均匀，而呈楔形。

在 u_{DS} 较小时，它对 i_D 的影响应从两个角度来分析：一方面 u_{DS} 增加时，沟道的电场强度增大，i_D 随着增加；另一方面，随着 u_{DS} 的增加，沟道的不均匀性增大，即沟道电阻增加，i_D 应该下降，但是在 u_{DS} 较小时，沟道的不均匀性不明显，在漏极附近的区域内沟道仍然较宽，即 u_{DS} 对沟道电阻影响不大，故 i_D 随 u_{DS} 增加而几乎成线性地增加。随着 u_{DS} 的进一步增加，靠近漏极一端的 PN 结上承受的反向电压增大，这里的耗尽层相应变宽，沟道电阻相应增加，i_D 随 u_{DS} 上升的速度趋缓。

当 u_{DS} 增加到 $u_{DS} = u_{GS} - u_{GS(off)}$ 时，漏极附近发生耗尽层相碰，这种状态称为预夹断。若 u_{DS} 继续增加，耗尽层合拢部分会增加，夹断区的电阻越来越大，i_D 不随 u_{DS} 的增加而增加，直到耗尽层完全合上，此时 i_D 基本为 0，这种状态称为夹断。但当 u_{DS} 增加到大于某一极限值(用 $V_{(BR)DS}$ 表示)后，漏极一端 PN 结上的反向电压将使 PN 结发生雪崩击穿，i_D 会急剧增加，正常工作时 u_{DS} 不能超过该值。

从结型场效应晶体管正常工作时的原理可知：① 结型场效应晶体管栅极与沟道之间的 PN 结是反向偏置的，因此，栅极电流 $i_G \approx 0$，输入阻抗很高；② 漏极电流受栅源电压 u_{GS} 控制，所以场效应晶体管是电压控制电流器件；③ 预夹断前，即 u_{DS} 较小时，i_D 与 u_{GS} 间基本成线性关系；预夹断后，i_D 趋于饱和。

P 沟道结型场效应晶体管工作时，电源的极性与 N 沟道结型场效应晶体管的电源极性相反。

2. 结型场效应晶体管的特性曲线

由于结型场效应晶体管的栅极输入电流 $i_G \approx 0$，因此很少应用输入特性，常用的特性曲线有转移特性曲线和输出特性曲线。

（1）转移特性　转移特性描述当栅源电压为常量时，漏极电流与栅源电压之间的函数关系，图 1-49 所示为 N 沟道结型场效应晶体管转移特性曲线，其中

$$i_D = I_{DSS}\left(1 - \frac{u_{GS}}{u_{GS(off)}}\right)^2$$

式中，I_{DSS} 为饱和漏极电流，它是 u_{GS} 等于零时的漏极电流 i_D；$u_{GS(off)}$ 为夹断电压，它是 i_D 减至零时的 u_{GS} 电压。

注意：转移特性反映了栅源电压对漏极电流的控制作用。

（2）输出特性　输出特性是指栅源电压 u_{GS} 一定时，漏极电流 i_D 与漏源电压 u_{DS} 之间的关系。图 1-50 所示为 N 沟道结型场效应晶体管输出特性曲线。由此图可见，结型场效应晶体管的工作状态可划分为四个区域：

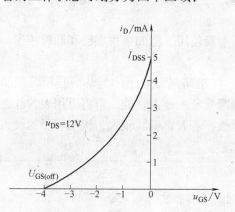
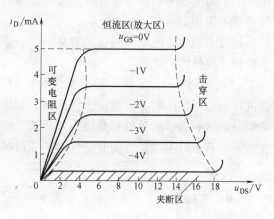

图 1-49　N 沟道结型场效应晶体管转移特性曲线　　图 1-50　N 沟道结型场效应晶体管输出特性曲线

1）可变电阻区：位于输出特性曲线的起始部分，工作在该区的场效应晶体管相当于一个受 u_{GS} 控制的压控可变电阻，u_{GS} 反向电压越大，电阻值越大。

2）恒流区（放大区）：位于输出特性曲线近似水平的部分，它表示管子预夹断后，电压 u_{DS} 与漏极电流 i_D 的关系。饱和区的特点是 i_D 几乎不随 u_{DS} 的变化而变化，i_D 已趋于饱和，但它受 u_{GS} 的控制，可将漏极电流 i_D 近似看成由栅源电压 u_{GS} 控制的电流源，该区相当于晶体管输出特性的放大区。利用场效应晶体管做放大管时，必须使其工作在该区域。

3）夹断区（截止区）：处于输出特性曲线图的横轴附近，沟道全部被夹断，$i_D \approx 0$，这

时场效应晶体管处于截止状态。

4）击穿区：在恒流区内，若 u_{DS} 再继续增加，PN 结上的反向电压越来越大，当超过 PN 结的反向击穿电压时，PN 结将发生击穿，i_D 随 u_{DS} 的增加而急剧增加，特性曲线进入击穿区。管子被击穿后就再不能正常工作。

注意：输出特性反映了漏源电压对漏极电流的影响。

3. 结型场效应晶体管的应用

1）结型场效应晶体管可应用于放大。由于结型场效应晶体管放大器的输入阻抗很高，因此可以使用容量较小的耦合电容，不必使用电解电容。

2）结型场效应晶体管具有很高的输入阻抗，非常适合作阻抗变换。常用于多级放大器的输入级作阻抗变换。

3）结型场效应晶体管可以用作压控电阻。

4）结型场效应晶体管可以方便地用作恒流源。

5）结型场效应晶体管可以用作电子开关。

4. 结型场效应晶体管的识别及检测

（1）管脚识别 判定 JFET 的栅极：结型场效应晶体管的源极和漏极一般可对换使用，因此一般只要判别出其栅极 G 即可。判别时，根据 PN 结单向导电原理，用万用表"$R \times$ 1k"档，将黑表笔接触管子的一个电极，红表笔分别接触管子的另外两个电极，若两次测出的阻值都很小，说明均是正向电阻，该管属于 N 沟道场效应晶体管，黑表笔接的是栅极。

对于 P 沟道场效应晶体管栅极的判断方法，读者可自己分析。

注意：绝缘栅型场效应晶体管不能用此法判定栅极。因为这种管子的输入电阻极高，栅源间的极间电容又很小，测量时只要有少量的电荷，就可在极间电容上形成很高的电压，容易将管子损坏。

场效应晶体管的源、漏极是对称的，一般可以对换使用，但如果衬底已和源极相连，则不能再互换使用。

（2）检测管子的好坏 根据判断栅极的方法，能粗略判断管子的好坏。当栅源间、漏源间反向电阻很小时，说明管子已损坏。如果要判断管子的放大性能，可将万用表的红、黑表笔分别接触管子的源极和漏极，然后用手接触栅极，若表针偏转较大，说明管子的放大性能较好；若表针不动，说明管子性能差或已损坏。

小结：

◆ 场效应晶体管是一种电压控制器件，即通过 U_{GS} 来控制 i_D。

◆ 场效应晶体管的输入端几乎没有电流，所以其直流输入电阻和交流输入电阻都非常高。

◆ 由于场效应晶体管是利用多数载流子导电的，因此，与晶体管相比，它具有噪声小、受辐射的影响小、热稳定性较好等特性。

◆ 通常，场效应晶体管漏极与源极可以对换，若衬底区与源极连在一起，这时漏、源极不能再对换。

1. 4. 2　绝缘栅型场效应晶体管

　　绝缘栅型场效应晶体管的栅极与源极、栅极与漏极间均采用 SiO₂ 绝缘层隔离，因其栅极为金属铝，故又称为 MOS 管。MOS 管的栅源电阻比 JFET 大得多，可达 $10^{15}\Omega$。因为它比 JFET 的温度稳定性好，集成化工艺简单，所以广泛用于大规模和超大规模集成电路中。

　　MOS 管也有 N 沟道和 P 沟道两类，其中每一类又分为增强型和耗尽型两种。凡栅源电压为零时，漏极电流也为零的管子，均属增强型；凡栅源电压为零时，漏极电流不为零的管子，均属耗尽型。下面以 N 沟道 MOS 管为例进行介绍。

1. 增强型 MOS 管的结构、符号、工作原理及特性曲线

　　（1）结构及符号　以一块杂质浓度较低的 P 型硅半导体薄片作衬底，利用扩散方法在上面形成两个高掺杂的 N⁺ 区，并在 N⁺ 区上安置两个电极，分别称为源极（S）和漏极（D）；然后在半导体表面覆盖一层很薄的二氧化硅绝缘层，并在二氧化硅表面再安置一个金属电极，称为栅极（G）。通常将衬底与源极接在一起使用，这就构成了一个 N 沟道增强型 MOS 管，图 1-51a、b 所示分别是它的结构及符号。符号中的箭头方向表示由 P（衬底）指向 N（沟道）。P 沟道增强型 MOS 管的箭头方向与上述相反，如图 1-51c 所示。

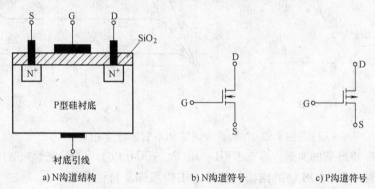

a) N 沟道结构　　　　　　　b) N 沟道符号　　　　　　c) P 沟道符号

图 1-51　增强型 MOS 管结构及符号

　　（2）工作原理　N 沟道增强型 MOS 管与 P 沟道增强型 MOS 管工作原理相似，不同之处仅在于它们形成电流的载流子性质不同，因此导致加在各极上的电压极性相反。下面以 N 沟道 MOS 为例进行介绍。

　　图 1-52 所示为 N 沟道增强型 MOS 管施加偏置电压后的接线图。

　　如图所示，增强型 MOS 管是利用栅源正向电压的大小来改变半导体表面感应电荷的多少，当 u_{GS} 增加且超过某一临界电压即开启电压 $U_{GS(th)}$（一般约为 +2V）时，介质中的强电场才在衬底表面层感应出"过剩"的电子，形成从漏极到源极的 N 型导电沟道，在正向漏源电压的作用下，产生漏极电流 i_D。当 $U_{GS} > U_{GS(th)}$ 且为一确定值时，漏源电压 U_{DS} 对导电沟道及电流 i_D 的影响与结型场效应晶体管相似。

　　（3）特性曲线

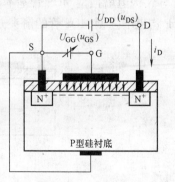

图 1-52　N 沟道增强型
MOS 管工作原理

1）转移特性：N 沟道增强型 MOS 管的转移特性曲线如图 1-53a 所示，由图可知，增强型 MOS 管的转移特性与结型场效应晶体管相类似。在 $u_{GS} \geqslant U_{GS(th)}$ 时，i_D 与 u_{GS} 的关系可用下式表示：

$$i_D = I_{DD} \left(\frac{u_{GS}}{U_{GS(th)}} - 1 \right)^2$$

式中，I_{DD} 是 $u_{GS} = 2U_{GS(th)}$ 时的 i_D 值。

2）输出特性：如图 1-53b 所示为 N 沟道增强型 MOS 管的输出特性曲线，由图可知，与结型场效应晶体管一样，增强型 MOS 管输出特性曲线也可分为可变电阻区、饱和区、截止区和击穿区几部分。

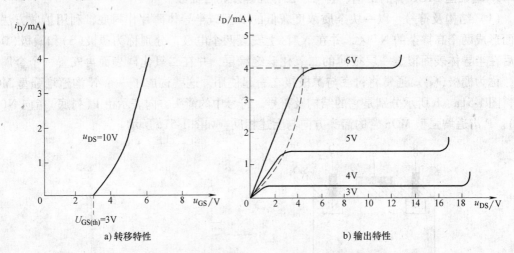

a) 转移特性　　　　　　　　　　　　　　b) 输出特性

图 1-53　N 沟道增强型 MOS 管的特性曲线

国产 N 沟道 MOS 管的典型产品有 3DO1、3DO2、3DO4（以上均为单栅管），4DO1（双栅管）。

2. N 沟道耗尽型 MOS 管的结构、符号、工作原理及特性曲线

对于增强型 MOS 管，当 $u_{GS} = 0$ 时，没有导电沟道，电流 $i_D = 0$。如果在制造的过程中，向二氧化硅绝缘层中掺入了大量的正离子，使得在 $u_{GS} = 0$ 时，也具有导电沟道，就形成了耗尽型 MOS 管。

（1）结构及符号　图 1-54a、b 所示为 N 沟道耗尽型 MOS 管的结构示意图和电路符号，与 N 沟道增强型 MOS 管基本相似。电路符号中的箭头方向表示由 P（衬底）指向 N（沟道）。P 沟道增强型 MOS 管的箭头方向与上述相反，如图 1-54c 所示。

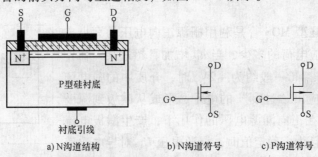

a) N 沟道结构　　　　　b) N 沟道符号　　　　　c) P 沟道符号

图 1-54　N 沟道耗尽型 MOS 管的结构示意图和电路符号

（2）工作原理　以 N 沟道耗尽型 MOS 管为例介绍，当栅源电压为零时，只要加上正向的漏源电压，就会产生较大的漏极电流。如果加上正的栅源电压，沟道中感应的电子增多，沟道加宽，漏极电流增大。反之栅源电压为负时，沟道中感应的电子减少，沟道变窄，漏极电流减小。当栅源电压负向增加到某一数值时，导电沟道消失，漏极电流趋于零，管子截止，故称为耗尽型。沟道消失时的栅源电压称为夹断电压，仍用 $U_{GS(off)}$ 表示。与 N 沟道结型场效应晶体管相同，N 沟道耗尽型 MOS 管的夹断电压 $U_{GS(off)}$ 也为负值，但是，前者只能在 $u_{GS} < 0$ 的情况下工作。而后者在 $u_{GS} = 0$、$u_{GS} > 0$、$U_{GS(off)} < U_{GS} < 0$ 的情况下均能实现对 i_D 的控制，而且仍能保持栅-源极间有很大的绝缘电阻，使栅极电流为零。这是耗尽型 MOS 管的一个重要特点。

（3）特性曲线

1）转移特性：图 1-55a 所示为 N 沟道耗尽型 MOS 管的转移特性，由图可知，在 $u_{GS} \geq U_{GS(off)}$ 时，耗尽型 MOS 管与结型场效应晶体管相同，i_D 与 u_{GS} 的关系可用下式表示：

2）输出特性：图 1-55b 所示为一个 N 沟道耗尽型 MOS 管的输出特性，由图可知，耗尽型 MOS 管的输出特性曲线也可分为可变电阻区、饱和区、截止区和击穿区几部分，分析过程与增强型 MOS 管相似。

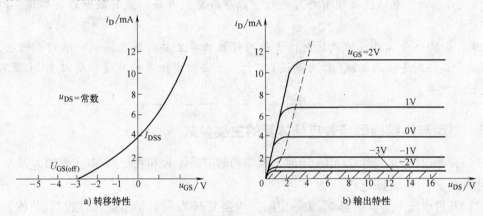

图 1-55　N 沟道耗尽型 MOS 管的特性曲线

3. MOS 管的检测

MOS 管比较"娇气"。由于它的输入电阻很高，栅-源极间电容又非常小，极易受外界电磁场或静电的感应而带电，而少量电荷就可在极间电容上形成相当高的电压（$U = Q/C$），将管子损坏，因此在测量时应格外小心，并采取相应的防静电措施。

（1）准备工作　测量之前，先把人体对地短路后，才能摸触 MOSFET 的管脚。最好在手腕上接一条导线与大地连通，使人体与大地保持等电位，再把管脚分开，然后拆掉导线。

（2）判定电极　将万用表置于"$R \times 100$"档，首先确定栅极。若某脚与其他脚的电阻都是无穷大，证明此脚就是栅极 G。交换表笔重新测量，S-D 之间的电阻值应为几百欧至几千欧，其中阻值较小的那一次，黑表笔接的为 D 极，红表笔接的是 S 极。日本生产的 3SK 系列产品，S 极与管壳接通，据此很容易确定 S 极。

（3）检查放大能力（跨导）　将 G 极悬空，黑表笔接 D 极，红表笔接 S 极，然后用手指触摸 G 极，表针应有较大的偏转。双栅 MOS 场效应晶体管有两个栅极 G_1、G_2。为区分之，可用手分别触摸 G_1、G_2 极，其中表针向左侧偏转幅度较大的为 G_2 极。

4. MOS 管使用注意事项

MOS 管在使用时应注意分类，不能随意互换。使用时应注意以下规则：

1）MOS 器件出厂时通常装在黑色的导电泡沫塑料袋中，切勿自行随便拿个塑料袋装。也可用细铜线把各个管脚连接在一起，或用锡纸包装。

2）取出的 MOS 器件不能在塑料板上滑动，应用金属盘来盛放待用器件。

3）焊接用的电烙铁必须良好接地。

4）在焊接前应把电路板的电源线与地线短接，待 MOS 器件焊接完成后再分开。

5）MOS 器件各管脚的焊接顺序是漏极、源极、栅极。拆机时顺序相反。

6）电路板在装机之前，要用接地的线夹子去碰一下机器的各接线端子，再把电路板接上去。

7）MOS 场效应晶体管的栅极在允许条件下，最好接入保护二极管。在检修电路时应注意查证原有的保护二极管是否损坏。

> **小结：**
> ◆ 场效应晶体管是静电敏感的器件，保存绝缘栅型场效应晶体管时，应将它的三个电极短接起来。
> ◆ 焊接时，电烙铁必须有外接地线，以屏蔽交流电场。最好断电后再焊接，以防破坏管子。
> ◆ 当 MOS 管工作在恒流区时，管子的耗散功率主要消耗在漏极一端的夹断区上，并且由于漏极所连接的区域（称为漏区）不大，无法散发很多的热量，所以 MOS 管不能承受较大功率。

1.4.3 结型与绝缘栅型场效应晶体管的主要参数

（1）夹断电压 U_P　当 U_{DS} 值一定时，结型场效应晶体管和耗尽型 MOS 管的 I_D 减小到接近零时的 U_{GS} 值称为夹断电压。

（2）开启电压 $U_{GS(off)}$　当 U_{DS} 值一定时，增强型 MOS 管开始出现 i_D 时的 U_{GS} 值称为开启电压。

（3）跨导 g_m　在 u_{DS} 为定值的条件下，漏极电流变化量与引起这个变化的栅源电压变化量之比，称为跨导或互导，即

$$g_m = \frac{di_D}{du_{GS}}\bigg|_{u_{DS}=常数}$$

g_m 数值越大，表示 u_{GS} 对 i_D 控制作用越强。

（4）最大耗散功率 P_{CM}　最大耗散功率指管子正常工作条件下不能超过的最大可承受功率。

动手试试：见"技能训练 1-4　场效应晶体管应用电路的测试与观察"。

1.4.4 功率场效应晶体管

功率场效应晶体管全称为 V 形槽绝缘栅型场效应晶体管，简称 VMOS 管或 VMOSFET。VMOS 管不仅输入阻抗高、驱动电流小，还具有耐压高（最高可耐压 1200V）、工作电流大（1.5~100A）、输出功率高（1~250W）、跨导的线性好、开关速度快等优良特性，在电压放大器（电压放大倍数可达数千倍）、功率放大器、开关电源和逆变器中获得了广泛应用。

传统的 MOS 管的栅极、源极和漏极大致处于同一水平面的芯片上，其工作电流基本上是沿水平方向流动。VMOS 管则不同，具有两大结构特点：第一，金属栅极采用 V 形槽结构；第二，具有垂直导电性。因为流通截面积增大，所以能通过大电流。由于在栅极与芯片之间有二氧化硅绝缘层，因此它仍属于绝缘栅型场效应晶体管。

1. VMOS 管的结构

VMOS 管按垂直导电结构的差异，分为利用 V 形槽实现垂直导电的 VVMOS 管和具有垂直导电双扩散 MOS 结构的 VDMOS 管。

（1）VVMOS 管结构　图 1-56 所示为 VVMOS 管的结构示意图，这种结构是在 N⁺ 衬底的 N⁻ 外延层上，先后进行 P 型区 N⁺ 型区两次扩散，然后利用晶体硅的各向异性刻蚀技术，造出 V 形槽。槽的开口深度由开口宽度决定，槽壁与硅平面成 54.7°，沟道长度由扩散的深度差决定，在 $1 \sim 2 \mu m$ 之间，漏极从芯片的背面引出。这种结构第一次改变了 MOSFET 的电流方向，电流不再是沿表面水平方向流动，而是从 N⁺ 源极出发，经过与表面成 54.7° 的沟道流到 N-漂移区，然后垂直地流动到漏极。

（2）VDMOS 管结构　VDMOS 的意思是垂直导电双扩散结构，与 VVMOS 管不同，它不利用 V 形导电槽构成导电沟道，而是利用两次扩散形成的 P 型区和 N 型区，在硅片表面处形成导电沟道。电流在沟道内沿表面流动，然后垂直地被漏极接收，VDMOS 管主要应用在大功率场合。

VDMOS 管的衬底是重掺杂单晶硅片，其上外延生长一个高阻 N⁻ 漂移层（最终成为漂移区，该层的电阻率以及外延厚度决定了器件的耐压水平），在 N⁻ 外延上经过 P 型和 N 型的两次扩散，形成 N⁺N⁻PN⁺ 结构。如果在 P 型区加上金属电极，就构成了双极型 NPN 型晶体管，实际上，P 区并不直接引出电极，而是形成一个 MOS 栅结构，如图 1-57 所示。

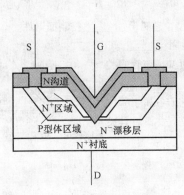

图 1-56　VVMOS 管的结构示意图

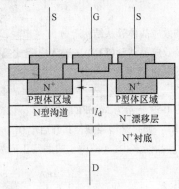

图 1-57　VDMOS 管的结构示意图

2. VMOS 管的优点

1）输入阻抗高、驱动电流低。

2）开关速度快、高频特性好。

3）具有负电流温度系数，没有双极晶体管的二次击穿问题，安全工作区宽、热稳定性好。

4）安全工作区域大：因 VMOS 器件的温度系数是负值，不存在局部热点和电流集中等问题，只要合理设计偏置，就可以从根本上避免二次击穿，因此 VMOS 管的安全工作区域比晶体管的要大。

5）高线性化的跨导 g_m：VMOS 管具有短沟道，当 u_GS 上升到一定值后，跨导 g_m 即为恒定值。而传统的 MOS 管因为沟道长，不容易出现沟道饱和效应，所以 i_D 与 u_DS 的平方成正比，g_m 随 u_GS 的增大而增大。

6）具有近乎线性的转移特性，放大信号时失真极小。

3. VMOS 管的检测方法

（1）判定栅极 G　将万用表拨至"$R \times 1\mathrm{k}$"档，分别测量三个管脚之间的电阻。若发现某管脚与其他两管脚的电阻均呈无穷大，并且交换表笔后仍为无穷大，则证明此管脚为 G 极，因为它和另外两个管脚是绝缘的。

（2）判定源极 S、漏极 D　源-漏之间有一个 PN 结，因此根据 PN 结正、反向电阻存在的差异可识别 S 极与 D 极。用交换表笔法测两次电阻，其中电阻值较低（一般为几千欧至十几千欧）的一次为正向电阻，此时黑表笔接的是 S 极，红表笔接的是 D 极。

（3）测量漏-源通态电阻 $R_\mathrm{DS(on)}$　将 G-S 极短路，选择万用表的"$R \times 1$"档，黑表笔接 S 极，红表笔接 D 极，阻值应为几欧至十几欧。

（4）检查跨导　将万用表置于"$R \times 1\mathrm{k}$（或 $R \times 100$）"档，红表笔接 S 极，黑表笔接 D 极，手持螺钉旋具去碰触栅极，表针应有明显偏转，偏转越大，管子的跨导越高。

小结：
◆ VMOS 管相比 MOS 管，它从结构上较好地解决了散热问题，故可制成大功率管。
◆ VMOS 管亦分 N 沟道管与 P 沟道管，但绝大多数产品属于 N 沟道管。
◆ 使用 VMOS 管时必须加合适的散热器。

思考与练习

1. 场效应晶体管从结构上分为_____和_____两大类型，它属于_____控制型器件。

2. 场效应晶体管（FET）的输入电阻比晶体管（BJT）的输入电阻_____。

3. 图 1-58 所示为某场效应晶体管的转移特性曲线，由图可知，该管的类型是_____沟道_____ MOS 管。

4. 图 1-59 所示为 MOSFET 的转移特性曲线，请分别说明它们各属于哪种类型的 FET？如果是增强型，其开启电压 $U_\mathrm{GS(th)}$ 是多少？如果是耗尽型，其夹断电压 $U_\mathrm{GS(off)}$ 是多少？（图中 i_D 的假定正向为流进漏极）

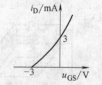

图 1-58　思考与练习 3 图

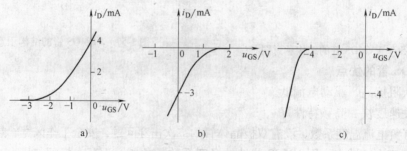

图 1-59　思考与练习 4 图

技能训练 1-4　场效应晶体管应用电路的测试与观察

实验平台：虚拟实验室。

实验目的：

1）读图并按要求搭建电路。

2）熟悉场效应晶体管的类型及偏置电路。

3）能正确读出输入输出波形的幅值。

4）分析电路的功能。

实验电路：图 1-60 所示为一共源放大电路，设 $V_{DD}=12V$，R_{G1} 由 $51k\Omega$ 电阻与 $500k\Omega$ 电位器（RP）串联组成，$R_{G2}=20k\Omega$，$R_{G3}=1M\Omega$，$R_D=1k\Omega$，$R_S=1k\Omega$，$R_L=1k\Omega$，场效应晶体管 VF 选择 3DJ6。

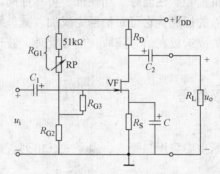

图 1-60　场效应晶体管应用电路

实验仪器：

1）信号发生器：用于产生符合要求的正弦交流信号 u_i。

2）双踪示波器：用于观察输入与输出波形。

3）数字万用表：用于测试电压。

测试步骤：

1）不接 u_i，接入 $V_{DD}=20V$，调节 R_{G1} 中的 RP，使 $U_{DS}=10V$，测出 $I_D=$ _____ mA。

2）保持步骤 1），用万用表分别测量场效应晶体管 G 点的电位 V_G 和 S 点的电位 V_S，并记录：

$$V_G = \underline{\hspace{1.5cm}} V \quad V_S = \underline{\hspace{1.5cm}} V \quad U_{GS}=V_G-V_S = \underline{\hspace{1.5cm}} V$$

3）保持步骤 2），输入端接入 $u_i(f_i=1kHz,U_{im}=10mV)$。

4）保持步骤 3），用示波器分别测量输入电压 u_i 和输出电压 u_o 的幅值大小，并记录：

$$U_{im} = \underline{\hspace{1.5cm}} mV \quad U_{om} = \underline{\hspace{1.5cm}} mV \quad A_u=\frac{U_{om}}{U_{im}} = \underline{\hspace{1.5cm}}$$

实验结论：

1）结型场效应晶体管构成的放大电路中，场效应晶体管的栅-源极的偏置为 _____（正偏/反偏）。

2）在电路参数基本相同的情况下，场效应晶体管的放大能力 _____（明显高于/接近于/明显低于）BJT 管的放大能力。

1.5　集成运算放大电路

➢ 集成运算放大电路简介
➢ 集成运放的封装及型号
➢ 集成运放的识别及检测

1.5.1　集成运算放大电路简介

集成运算放大电路简称集成运放，是 20 世纪 60 年代初期发展起来的一种新型电子器件。它是应用半导体制造工艺把晶体管、场效应晶体管、电阻、小容量电容等许多元器件以及它们之间的连线都做在同一硅片上，然后封装在管壳里，这样就制成具有特定功能的电子电路，其特点是：体积小、重量轻、性能好、功耗低、可靠性高。

集成运放最早应用于信号的运算，它可对信号完成加、减、乘、除、对数、反对数、微分、积分等基本运算，目前集成运放在信号获取、信号处理、波形产生、信号测量等方面的应用也越来越广泛。

1.5.2　集成运放的封装及型号

1. 集成运放的封装

国产集成运放的封装外形主要采用圆壳式、扁平式、单列直插式和双列直插式，其外形及符号如图 1-61 所示。

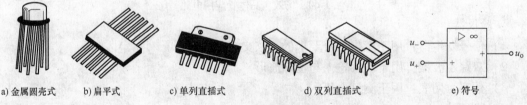

a) 金属圆壳式　　b) 扁平式　　c) 单列直插式　　d) 双列直插式　　e) 符号

图 1-61　集成运放的外形及符号

2. 集成运放的型号

国家标准规定，集成运放的命名由字母和阿拉伯数字表示，例如 CF741、CF124 等，其中 C 表示国家标准，F 表示运算放大器，阿拉伯数字表示品种。

国外集成电路生产厂家对产品的型号命名没有统一的规定，但是大部分集成电路型号的前缀可以表明它是属于哪家公司的产品以及属于什么类型的电路，查阅该公司的产品手册，就可知道电路的功能。部分国外模拟集成电路的型号前缀及其生产厂家的代号见附录 C（常用电子元器件参考资料）。

例如，常用的通用型集成运放 741 包括：

国产型号：CF741。

国外型号：μA741、MC1741、μpc151、TA7504、M5141、OP02 和 LM741 等。

1.5.3　集成运放的识别及检测

集成运放除具有两个输入端和一个输出端外，还有正、负电源供电端、外接补偿电路端、调零端、相位补偿端、公共接地端及其他附加端等。它的放大倍数取决于外接反馈电阻，使用非常方便(本书第3章中将详细介绍其应用)。

使用集成运放前，必须认真查对和识别集成电路的引线端，确认电源、地、输入、输出及控制端的引线号，以免因错接损坏元器件。

1. 引脚识别方法

(1) 贴片封装(A、B)型　识别引脚时，将文字符号正放，定位销向左，然后，从左下角起，引脚的序号按逆时针方向依次为1、2、3、…。

(2) 一般圆形集成电路　如图1-62a所示，识别引脚时，面向引出端，从定位销顺时针依次为1、2、3、…，圆形集成电路多用于模拟集成电路。

(3) 扁平形和双列直插式集成电路　如图1-62b所示，识别引脚时，将文字符号标记正放，由顶部俯视，其面上有一个缺口或小圆点，有时两者都有，这是"1"号引线端的标记，如将该标记置于左边，然后，从左下角起，按逆时针方向依次为1、2、3、…。

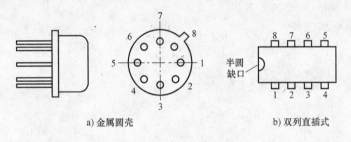

a) 金属圆壳　　　　　　　　b) 双列直插式

图1-62　集成运放引脚识别示意图

2. 各引脚的用途

1) 图1-62b中1脚和5脚为外接调零电位器的两个端子，一般只需在这两个引脚上接入10kΩ线绕电位器，即可调零。

2) 2脚为反相输入端，由此端接输入信号，则输出信号与输入信号是反相的。

3) 3脚为同相输入端，由此端接输入信号，则输出信号与输入信号是同相的。

4) 4脚为负电源端，接 −18 ~ −3V 电源。

5) 6脚为输出端。

6) 7脚为正电源端，接3 ~ 18V 电源。

7) 8脚为空脚。

3. 集成运放的检测

普通集成运放的好坏判别法如下：

1) 目测集成运放芯片表面是否有烧过的痕迹，像鼓包、裂纹、变色等，看集成运放引脚是否有断裂，脱焊。闻闻集成运放芯片是否有烧过的煳味。观察集成运放周边的元器件是否存在异常。

2) 用万用表电阻档测各个引脚之间有没有短路，观察集成运放是否有过热现象。

3) 在集成运放未焊入电路时，可用万用表测量各引脚对应于接地引脚之间的正、反向电阻值，并和完好的集成运放进行比较。

> **小结：**
> ◆　集成运放的内部电路一般只作了解即可，其目的是为各引脚的功能及主要技术指标提供依据。
> ◆　掌握集成运放各引脚的识别方法，会查阅相关手册，才能正确选择和使用集成运放器件。

思考与练习

1. 集成运放的引脚是如何排列的？μA741 各引脚的用途是什么？
2. 集成运放符号框内各符号的含义是什么？
3. 国产半导体集成运放是如何命名的？

技能训练1-5　常见电子元器件及半导体器件的识别与检测

实验平台：电子技术实训室。

实验目的：

1）了解常见半导体器件的外形、功能及使用方法。

2）掌握万用表及常用仪器的正确使用及数据读取。

3）学会目测色环电阻。

4）学会用万用表检测二极管的好坏，区分阳极、阴极。

5）学会用万用表检测晶体管的好坏，区分 E、B、C 各电极，测量 β 值。

6）学会判断集成电路各引脚及好坏。

7）按要求完成实验报告。

实验仪器及材料：

1）低频信号发生器。

2）双踪示波器。

3）直流稳压电源。

4）数字或指针式万用表。

5）色环电阻、整流二极管、检波二极管、发光二极管、NPN 型晶体管、PNP 型晶体管、集成电路等。

实验步骤：

1. 二极管的检测

（1）外观判别二极管的极性　二极管的正负极性一般都标注在其外壳上。有时会将二极管的图形直接画在其外壳上。对于二极管引线是轴向引出的，则会在其外壳上标出色环（色点），有色环（色点）的一端为二极管的负极端，若二极管是透明玻璃壳，则可直接看出极性，即二极管内部连接触丝的一端为正极。发光二极管的检测可参考本书中有关内容。对于标志不清的二极管，也可以用万用表来判别其极性及质量好坏。

（2）用万用表判断晶体二极管的极性及质量好坏　测量二极管时，应使用万用表的二极管档位。若将红表笔接二极管的阳（正）极，黑表笔接二极管的阴（负）极，则二极管处于正偏，万用表有一定数值显示；若将红表笔接二极管的阴极，黑表笔接二极管的阳极，则二极管处于反偏，万用表高位显示为"1"或很大的数值，此时说明二极管是好的。

在测量时若两次的数值均很小，则二极管内部短路；若两次测得的数值均很大或高位为"1"，则二极管内部开路。

2. 晶体管的检测

（1）用数字万用表的二极管档位测量晶体管的类型和基极 B　判断时可将晶体管看成是一个背靠背的 PN 结，如图 1-40 所示。按照判断二极管的方法，可以判断出其中一极为公共正极或公共负极，此极即为基极 B。对 NPN 型管，基极是公共正极；对 PNP 型管，基极则是公共负极。因此，判断出基极是公共正极还是公共负极，即可知道被测晶体管是 NPN 型还是 PNP 型。

（2）发射极 E 和集电极 C 的判断　利用万用表测量 $\beta(h_{FE})$ 值的档位，判断发射极 E 和集电极 C。将档位旋至 h_{FE}，基极插入所对应类型的孔中，把其余管脚分别插入 C、E 孔观察数据，然后将 C、E 孔中的管脚对调再观察数据，数值大的说明管脚插对了。

（3）判别晶体管的好坏　测试时，用万用表测二极管的档位分别测试晶体管发射结、集电结的正、反偏是否正常，正常的晶体管是好的，否则晶体管已损坏。如果在测量中找不到公共极 B 极，则该晶体管也为坏管子。

3. 集成运放芯片的认识

1）认识芯片的名称及封装。

2）判断芯片的引脚。

4. 色环电阻的检测

1）识别色环电阻大小。

2）电阻的检测。

实验结论：

_____。

3）补充知识：色环电阻识别表见表1-4。

表 1-4　色环电阻识别表

	银	金	黑	棕	红	橙	黄	绿	兰	紫	灰	白	无
有效数字	—	—	0	1	2	3	4	5	6	7	8	9	—
数量级	10^{-2}	10^{-1}	10^0	10^1	10^2	10^3	10^4	10^5	10^6	10^7	10^8	10^9	—
允许偏差（%）	±10	±5	—	±1	±2	—	—	±0.5	±0.25	±0.1	—		±20

应 用 篇

第 2 章　直流稳压电源的设计与测试

2.1　整流电路

2.2　滤波电路

2.3　稳压电路

2.4　实际电源电路的检测

　　电源是一切电子设备的心脏，没有电源，电子设备就不可能工作。

　　直流稳压电源在电源技术中占有十分重要的地位。在电子电路和设备中的直流电源可分为两大类：一类是化学电源，如各种各样的干电池、蓄电池、充电电池等，这类电源的优点是体积小、重量轻、携带方便等，缺点是成本高；另一类是稳压电源，包含线性电源及开关电源。

　　本部分内容的安排，可方便读者采用计算机仿真测试与实际电路测试相结合的方式，对线性直流稳压电源各组成部分进行深入了解。读者如有兴趣，还可以利用业余时间制作一个直流稳压电源。

技能训练项目

1. 半波整流电路的研究与测试
2. 桥式整流滤波电路的研究与测试
3. 稳压电路的研究与测试
4. 单片机应用电路电源模块的制作与调试(项目制作可以自行安排)

2.1　整流电路

➤　半波整流电路

➤　桥式全波整流电路

➤　设计案例

通常一个性能良好的线性直流稳压电源主要由 4 个部分组成，如图 2-1 所示。

各部分电路的作用如下：

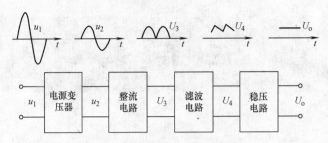

图 2-1　直流稳压电源的组成框图

◇　电源变压器——对电网电压进行降压并将直流电源与电网隔离。

◇　整流电路——将降压后的交流电压转换为单极性的脉动电压。

◇　滤波电路——对整流电路输出的脉动电压加以滤除，从而得到平滑的直流电压。

◇　稳压电路——当电网电压波动、负载和温度变化时，维持输出直流电压稳定。

其中，电源变压器的作用是将电网 220V 的交流电压转换成整流滤波电路所需要的交流电压，如图 2-2 所示。在理想情况下，降压后的转换电压 u_o 可用下式计算：

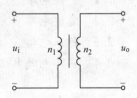

$$u_o = u_i \frac{n_2}{n_1}$$

整流电路是利用整流二极管的导通特性将交流电压转换为单一方向的脉动电压。根据整流二极管连接方式的不同，又分为半波整流电路与全波整流电路。

图 2-2　电源变压电路

2.1.1　半波整流电路

1. 基本组成

图 2-3 所示为一个典型半波整流电路，其核心器件为整流二极管。为简单起见，在以下分析中，二极管一律当作理想二极管处理。

2. 工作原理

当 u_2 工作在正半周时，二极管 VD 导通，$u_L = u_2$。

当 u_2 工作在负半周时，二极管 VD 截止，$u_L = 0$。该电路输出波形如图 2-4 所示。

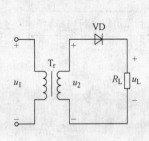

图 2-3　半波整流电路

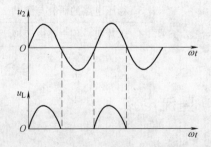

图 2-4　半波整流电路输入、输出波形

3. 性能指标

1）输出脉冲电压的平均值即直流分量为

$$U_L \approx 0.45 U_2$$

2）二极管的平均电流为

$$I_{\mathrm{D}} = I_{\mathrm{O}} = 0.45 \frac{U_2}{R_{\mathrm{L}}}$$

3）二极管最大反向峰值电压为

$$U_{\mathrm{RM}} = \sqrt{2} U_2$$

小结：

◆　半波整流电路简单，元器件少，但输出电流脉动很大，变压器利用率低。因此仅适用于整流电流较小、对脉动要求不高的场合。

◆　为克服半波整流电路的缺点，提高电源的利用率，可将两个半波整流电路合起来组成一个全波整流电路，最常见的是桥式全波整流电路。

2.1.2　桥式全波整流电路

1. 基本组成

图 2-5 所示为一个桥式全波整流电路，它由四个二极管构成电桥形式，两两构成一组，在正弦交流的正、负半周分别导通。

2. 工作原理

当 u_2 工作在正半周时，二极管 VD_1、VD_3 导通，VD_2、VD_4 截止，$u_{\mathrm{L}} = u_2$；

当 u_2 工作在负半周时，二极管 VD_2、VD_4 导通，VD_1、VD_3 截止，$u_{\mathrm{L}} = u_2$。电路的输入、输出波形如图 2-6 所示。

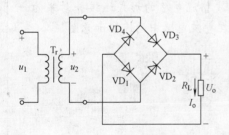

图 2-5　桥式全波整流电路

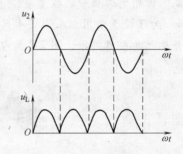

图 2-6　桥式全波整流电路输入、输出波形

3. 性能指标

1）输出脉冲电压的平均值即直流分量为

$$U_{\mathrm{L}} \approx 0.9 U_2$$

2）二极管平均电流为

$$I_{\mathrm{D}} = \frac{1}{2} I_{\mathrm{O}} = 0.45 \frac{U_2}{R_{\mathrm{L}}}$$

3）二极管最大反向峰值电压为

$$U_{\mathrm{RM}} = \sqrt{2} U_2$$

2.1.3　设计案例

例 2-1　根据图 2-5 所示的桥式全波整流电路，若交流电网电压 $U_{\mathrm{i}} = 220\mathrm{V}$，$f = 50\mathrm{Hz}$，

$R_L = 50\Omega$，输出电压 $U_o = 24V$，试选择整流二极管的型号，并对电源变压器提出设计要求。

解：（1）二极管的平均电流 I_D 为

$$I_D = \frac{1}{2} I_o = \frac{1}{2} \times \frac{U_o}{R_L} = \frac{1}{2} \times \frac{24}{50}A = 240mA$$

（2）变压器二次电压有效值 U_2 为

$$U_2 \approx 1.11 \times 24V \approx 26.6V$$

通常，考虑变压器二次绕组及二极管上的压降，因此变压器二次电压的实际值要比理论值高出 10% 左右，这里取 1.11。

（3）二极管最大反向峰值电压 U_{RM} 为

$$U_{RM} = \sqrt{2} U_2 = \sqrt{2} \times 26.6V \approx 37.6V$$

根据 I_D 和 U_{RM} 可选择整流二极管型号，即 $U_{RM} \geq 37.6V$、$I_D \geq 240mA$，所以选择 2CZ11D 型整流二极管。

（4）变压器二次电流 I_2 为

$$I_2 = \frac{U_2}{R_L} = \frac{26.6}{50}A = 532mA$$

根据 $U_2 = 26.6V$、$I_2 = 532mA$ 及线圈匝数比 $\frac{n_1}{n_2} = \frac{U_1}{U_2} = \frac{220}{26.6} \approx 8.3$ 来设计电源变压器。

小结：

◆ 桥式全波整流电路比半波整流电路输出电压高，且其电压脉动小，变压器的利用率高。但所需二极管的数量多，损耗也较大。

◆ 为了便于使用，人们将 4 只二极管按桥式全波整流电路的形式连接并封装为一体，并称之为整流桥堆，图 2-7 为整流桥堆外形及其在整流电路中的连接示意图。

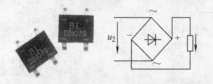

图 2-7 整流桥堆外形及其在整流电路中的连接示意图

◆ 桥式全波整流电路一般有三种画法，如图 2-8 所示。

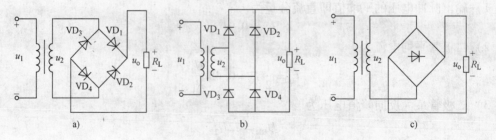

图 2-8 桥式全波整流电路的三种画法

思考与练习

电路如图 2-9 所示，已知 $u_i = 10\sin\omega t\,V$，试画出 u_i 与 u_o 的波形。设二极管正向导通电压可忽略不计。

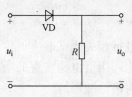

图 2-9　思考与练习电路

技能训练 2-1　半波整流电路的研究与测试

实验平台：虚拟实验室。

实验目的：

1）能按要求正确搭建电路并进行相关测试。

2）了解整流电路中主要器件的作用及电路实现的功能。

3）正确使用示波器测试输入与输出波形。

4）分析电路输出电压与输入电压的关系。

实验电路：电路连接如图 2-10 所示。

实验仪器：

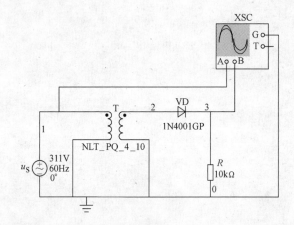

图 2-10　半波整流电路

1）信号发生器：用于产生幅值为 311V/60Hz 的正弦交流信号。

2）双踪示波器，用于观察输入与输出波形。

实验步骤：

1）按图选择元器件，设置参数、布局、连接电路。

2）分析二极管的作用。

3）用示波器观察并绘制输入与输出电压波形（输入信号用黑色表示，输出信号用红色表示）。

4）观察输入与输出波形有何不同，分析该电路实现的功能。

实验结论（参看整流电路相关知识）：

_____。

2.2　滤波电路

➢　电容滤波电路
➢　电感滤波电路

整流电路只是把交流电变成了脉动的直流电，但这种直流电波动很大，主要是含有许多不同幅值和频率的交流成分，为了获得平稳的直流电，必须利用滤波电路将交流成分滤掉。

滤波电路能对整流电路输出的脉动电压加以滤除，从而得到平滑的直流电压。

滤波电路一般由电抗元件组成，如电容滤波电路(在负载电阻两端并联电容)或电感滤波电路(在负载两端串联电感)以及由电容、电感组合而成的各种复式滤波电路。

2.2.1　电容滤波电路

1. 基本组成

电容滤波电路如图 2-11 所示，在负载电阻两端并联一个电容就构成了电容滤波电路，该电路在小功率整流电路应用广泛。

2. 工作原理

$u_2 > u_C$(电容 C 上的电压)时，VD_1 导通，电容充电，$u_o = u_2$。

$u_2 < u_C$ 时，VD_1 截止，C 通过 R_L 慢慢放电，u_o 将按指数规律缓慢下降。电容滤波电路的输入与输出波形如图 2-12 所示。

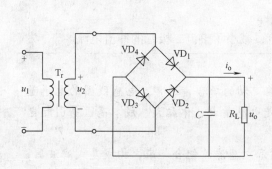

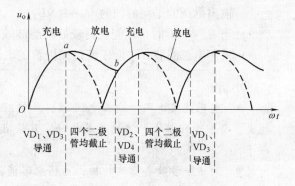

图 2-11　电容滤波电路　　　　　图 2-12　电容滤波电路的输入与输出波形

3. 电路特点

1）输出电压的平均值为 $U_L \approx 1.2U_2$，当 $R_L = \infty$ 时，$U_0 = \sqrt{2}U_2$。当 R_L 为有限值时，$0.9U_2 < U_0 < \sqrt{2}U_2$。

2）为了获得良好的滤波效果，一般取 $R_L C \geqslant (3 \sim 5)\dfrac{T}{2}$($T$ 为输入交流电压的周期)。

3）整流二极管的选择：管子的最大整流平均电流应大于负载电流的 $2 \sim 3$ 倍。

> **小结：**
> ◆　电容滤波电路结构简单，输出电压的平均值较高、纹波较小，缺点是输出特性较差，适用于负载电流小且变化小的场合。

2.2.2　电感滤波电路

在接入大电流负载的情况下，常采用电感滤波，由于这要求电感线圈的电感要足够大，所以一般采用有铁心的线圈。

1. 基本组成

电路由电感线圈 L 和负载串联构成，如图 2-13 所示。

2. 工作原理

因电感线圈的通直阻交作用，故直流分量可以顺利通过电感线圈，交流分量则全部降到电感线圈上，这样就可以在负载 R_L 上获得比较平滑的直流电压。电感滤波电路的输入与输出波形如图 2-14 所示。

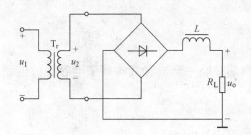

图 2-13　电感滤波电路

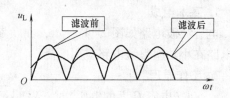

图 2-14　电感滤波电路的输入与输出波形

3. 电路特点

1）输出电压的平均值约为 $U_L \approx 0.9 U_2$。

2）当 $R_L \ll \omega L$ 时，才能获得较好的滤波效果。

3）采用电感滤波，平滑了流过二极管的电流，减小了整流二极管的冲击电流。

小结：

◆　电感滤波适用于输出电流大、负载经常变动的场合，通常，电感线圈的电感量越大，负载电阻越小，滤波效果越好，其缺点是电感量大、体积大、成本高、易引起电磁干扰。

◆　为进一步改善滤波特性，可将电容滤波和电感滤波组合起来，构成复式滤波器，图 2-15 所示为常用的两种复合滤波电路。

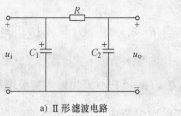

a) Ⅱ形滤波电路

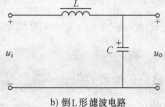

b) 倒 L 形滤波电路

图 2-15　两种复合滤波电路

思考与练习

1. 试画出实现滤波的一种电路。
2. 指出图 2-16 所示的全波桥式整流及滤波电路的错误。

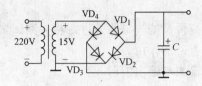

图 2-16 思考与练习 2 图

技能训练 2-2　桥式整流滤波电路的研究与测试

实验平台：虚拟实验室。

实验目的：

1）能按要求正确搭建整流桥及滤波电路并进行相关测试。

2）了解该电路中主要元器件的作用。

3）正确使用示波器测试输入与输出波形。

4）分析电路并得出结论。

实验电路：桥式整流滤波电路如图 2-17 所示。

实验仪器：

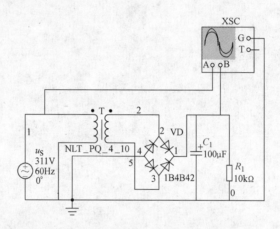

图 2-17　桥式整流滤波电路

1）信号发生器：用于产生幅值为 311V/60Hz 的正弦交流信号。

2）双踪示波器：用于观察输入与输出波形。

实验步骤：

1）按图选择元器件，设置参数、布局、连接电路。

2）观察分析整流桥电路的功能。

3）用示波器观察不接电容 C_1 和接通电容 C_1 时的输入与输出电压波形的区别，并绘制输出电压波形。

断开电容 C_1 时：

接通电容 C_1 时：

4）观察分析电容的作用，分析该电路各部分实现的功能。

实验结论(参看滤波电路相关知识)：

_____。

2.3　稳压电路

➤ 稳压管并联稳压电路
➤ 常用串联型稳压电路
➤ 三端集成稳压器

滤波后的输出电压即使纹波很小，仍然存在稳定性的问题。这是因为当负载变化或电网电压波动时，输出电压也要随之改变，因此，绝大多数直流电源都必须采用稳压电路进行稳压。

稳压电路在直流稳压电源中的作用：克服电源波动及负荷的变化，使输出直流电压恒定不变。

稳压电路在直流稳压电源中的要求：稳定性好，输出电阻小，电压温度系数小，输出电压纹波小。

2.3.1　稳压管并联稳压电路

1. 基本组成

图 2-18 所示为一个简单稳压管稳压电路，电路结构特点如下：

1）负载与稳压管并联。

2）为保证工作在反向击穿区，稳压管 VS 反接。

3）限流电阻 R 可以保证稳压管工作在规定的电流范围内。

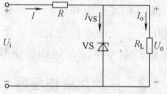

图 2-18　稳压管稳压电路

2. 工作原理

当输入电压变化时，输入电流将随之变化，稳压管中的电流也将随之同步变化，结果输出电压基本不变；当负载电阻变化时，输出电流将随之变化，但稳压管中的电流却随之反向变化，结果仍是输出电压基本不变。

3. 性能指标

1）稳压系数 S_V：指在负载电流 I_o、环境温度 T 不变的情况下，输入电压的相对变化引起输出电压的相对变化，即稳压系数 $S_V = (\Delta U_o / U_o)/(\Delta U_i / U_i)$。

2）纹波电压：指叠加在输出电压 U_o 上的交流分量，一般为毫伏（mV）级。

3）输出电阻 R_o：指在输入电压 U_i、环境温度 T 不变的情况下，输出电流变化引起输出电压的相对变化，即电源内阻 $R_o = \Delta U_o / \Delta I_o$。

> **小结：**
> ◆　稳压管稳压电路所使用的元器件少，电路简单，但输出电流较小，输出电压不可调，往往只用于稳定局部的直流电压。在整机电源电路中一般不用，适用于电压固定、负载电流较小的场合，常用作基准电压源。

2.3.2　常用串联型稳压电路

在功率开关晶体管问世以前，串联型稳压电路一直是最简单的、最常用的稳压技术。

1. 电路结构

串联型稳压电路包括四大部分：基准电压源、比较放大电路、调整电路和采样电路。晶体管 VT_1 接成射极输出器形式，主要起调整作用。因为它与负载 R_L 相串联，所以这种电路称为串联型稳压电路，其组成框图及典型电路如图 2-19 所示。

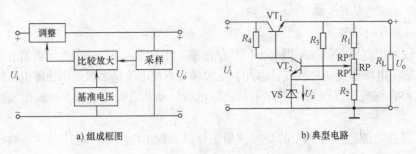

a) 组成框图   b) 典型电路

图 2-19 串联型稳压电路组成框图及典型电路

2. 工作原理

串联型稳压电路是具有放大环节的稳压电路，电路中 VT_1 为调整管，它与负载串联，起电压调整作用。VT_2 为比较放大管，R_4 是它的集电极电阻，VT_2 的作用是将电路输出电压的取样值和基准电压进行比较放大，然后再送到调整管进行输出电压的调整。这样，只要输出电压有一点微小的变化，就能引起调整管的 U_{CE} 发生较大的变化，从而使 U_o 相应地变化，维持 U_o 的基本恒定，达到稳压效果。

2.3.3 三端集成稳压器

随着集成技术的发展，稳压电路也迅速实现了集成化。特别是三端集成稳压器，芯片只引出三个端子，使用时基本上不需外接元器件，而且内部有限流保护、过热保护和过电压保护电路，使用十分安全、方便，在许多场合都有着广泛应用。

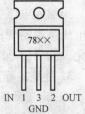

1. 电路概述

将串联稳压电路和各种保护电路集成在一块芯片上就构成了集成稳压器。早期的集成稳压器外引线较多，现在的集成稳压器只有三个外引线：输入端、输出端和公共端，它的外形如图 2-20 所示。要特别注意，不同型号、不同封装的集成稳压器，它们三个电极的位置是不同的，需要查阅相应的手册才能确定。

图 2-20 三端集成
稳压器的外形

2. 三端集成稳压器的分类

国产三端集成稳压器按其性能和不同用途可分为两类：一类是输出固定电压的三端集成稳压器系列，如 78×× 系列：输出正电压，79×× 系列：输出负电压，型号中的"××"表示输出电压值；另一类是输出可调电压的三端集成稳压器系列，如 W317 系列：输出正电压；W337 系列：输出负电压。

对于输出固定电压（正电压或负电压）的三端集成稳压器产品，其输出电压有 5V、6V、9V、12V、15V、18V、24V 共 7 种，可根据实际需要选用。为保证稳压器能够正常工作，要求输入电压 U_i 与输出电压 U_o 之间有一定的电压差，此电压差一般为 3～7V。

3. 使用注意事项

1）三端集成稳压器的输入、输出和公共端不能接错，否则容易导致稳压器烧坏。

2）在实际应用中，应在三端集成稳压器上安装足够大的散热器（在小功率的条件下不需要使用散热器）。若稳压器温度过高，稳压性能将变差，甚至损坏。

3）稳压电路设计的输出电流超过 1.5A 以上时，通常采用多块三端稳压器并联的方式，使其最大输出电流为 n 个 1.5A。使用时应注意，并联使用的集成稳压器应采用同一厂家、同一批号的产品，保证参数的一致性。另外，在输出电流上应留有一定的余量，以避免因个别集成稳压器失效导致其他电路的烧毁。

> **小结：**
> ◆ 串联型稳压电路工作电流较大，输出电压一般可连续调节，稳压性能优越。目前这种稳压电路已经制成单片集成电路，广泛应用在各种电子仪器和电子电路中。
> ◆ 串联型稳压电路的缺点是损耗较大、效率低。因调整管工作在放大状态而功耗大，所以需要加保护电路。
> ◆ 由于高频开关电源在重量、体积和效率等方面是线性电源无可比拟的，因此在许多领域中得到了广泛应用。此电路中的晶体管工作在开关状态，并由此得名。

4. 应用案例

（1）单片机应用电路的电源电路　图 2-21 所示为单片机应用电路的电源电路，其输出电压为 5V，这是 51 系列单片机及其他数字芯片正常工作所需的电压。其中 7805 是人们最常用的固定输出正电压的三端集成稳压芯片，它使用方便，外围电路简单，其中 C_1 为滤波电容，C_2 主要用于提高电路工作的稳定性，其容量较小，可取小于 $1\mu F$ 的电容，C_3 为输出消振电容，用于改善负载的瞬间响应。

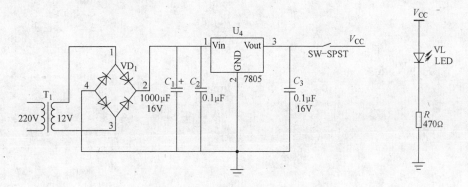

图 2-21　单片机应用电路的电源电路

（2）电视机电源电路　图 2-22 所示为某电视机电源电路。根据该电源电路所需的输出工作电流为 0.8A，工作电压为 12V，通过查看器件手册可知，CW7812 芯片的输出电流可达 1.5A，输出电压为 12V，最大允许输入电压为 36V，最小允许输入电压为 14V，其满足电源的输出电压和输出电

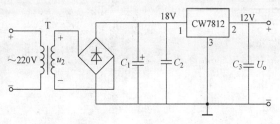

图 2-22　某电视机电源电路

流的需要，故 CW7812 可作为该电源电路的集成稳压芯片。

电路中的 C_1 为滤波电容，C_2 的作用是旁路高频干扰信号，C_3 的作用是改善负载瞬态响应。

小结：

◆ 集成稳压器目前已得到广泛的应用，其中 78×× 系列、79×× 系列、W117、W217、W317 等是最常用的三端集成稳压器。它们既有固定式和可调式，又有正电压输出类型和负电压输出类型，使用方便，性能稳定。

思考与练习

图 2-23 所示是一个输出电压为 6V 的稳压电路，试指出图中有哪些错误，并在图上加以改正。

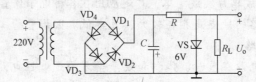

图 2-23　思考与练习电路

技能训练 2-3 稳压电路的研究与测试

实验平台：虚拟实验室。

实验目的：

1）能按要求正确搭建电路。

2）了解该电路中主要器件的作用。

3）熟悉稳压管的应用。

4）分析当信号或负载在一定范围内变化时，电路的输出电压有何特点。

实验电路：稳压管稳压电路如图 2-24 所示。

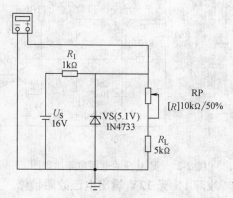

图 2-24 稳压管稳压电路

实验仪器：

1）直流稳压电源：用于产生 16V 的直流电压信号。

2）数字万用表：用于测试输出电压。

实验步骤：

1）按图 2-24 选择元器件，设置参数、布局、连接电路。

2）用万用表测试输出电压。

仅改变可变电阻 RP，测量输出电压 U_o。

RP 调至 50%：U_o = _____ V；

RP 调至 10%：U_o = _____ V；

RP 调至 90%：U_o = _____ V。

实验结论：_____。

仅改变电源电压 U_S，测量输出电压 U_o。设电源电压波动为 ±10%，则

U_S = 14.4V：U_o = _____ V；

U_S = 17.6V：U_o = _____ V。

实验结论：_____。

2.4　实际电源电路的检测

➢　故障 1　无 12V 输出电压故障检修
➢　故障 2　输出电压偏高故障检修
➢　故障 3　输出电压偏低故障检修
➢　故障 4　纹波滤除不良故障检修

下面介绍传统电源电路检修案例。图 2-25 所示为某电视的电源电路原理图。

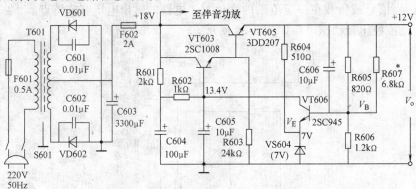

图 2-25　某电视的电源电路原理图

故障 1　无 12V 输出电压故障检修

1）首先应检查 F601、F602 两个熔丝。

2）若 F601 或 F602 熔断，有可能是熔丝本身质量不好，但换上新熔丝后再次熔断，说明电路有电流过大的故障。

3）若 F601 再次熔断，有可能是整流管 VD601、VD602 击穿。

4）若 F602 再次熔断，有可能是稳压输出 12V 的负载过电流，也可能是调整管 VT603、VT605 的 C-E 极击穿。

5）若熔丝完好，再检查 18V 直流电压。若无 18V 电压，则有可能是电源变压器 T601 绕组开路或电源开关 S601 接触不良，或 VD601、VD602 整流管都开路。

6）若 18V 电压正常，则无 12V 输出电压的原因可能是 R601、R602 开路，C604、C605 击穿，或 VT603、VT605 开路，如图 2-26 所示。

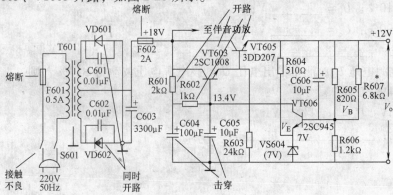

图 2-26　故障 1 检修示意图

故障 2　输出电压偏高故障检修

凡是引起 VT606 电流减小的故障都会引起输出端 12V 电压偏高，如 R605、R607 阻值增大或开路，或者 VS604 开路及 VT606 本身开路，如图 2-27 所示。

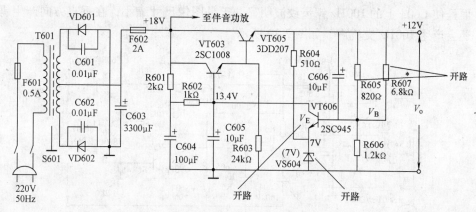

图 2-27　故障 2 检修示意图

故障 3　输出电压偏低故障检修

凡是引起 VT606 电流增大的故障都会引起输出端 12V 电压偏低，出现该故障的原因包括：

1）整流滤波后的 18V 电压偏低，如果只有 13V 左右，会造成调整管 C-E 极压降不够，18V 电压偏低多数是由于 VD601、VD602 中有一只开路，或者是 C603 容量不足，如图 2-28a 所示。

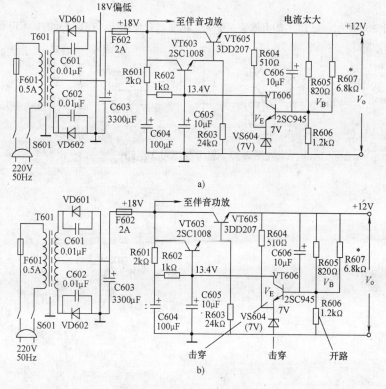

图 2-28　故障 3 检修示意图

2）R606 开路、VS604 击穿或 VT606 本身 C-E 极击穿，如图 2-28b 所示。

故障 4　纹波滤除不良故障检修

C603 大电容长期大幅度充放电，容易造成容量减小，这不但使 C603 上的平均直流电压下降，而且使 C603 上的 100Hz 锯齿纹波明显，于是图像尺寸缩小，在垂直方向产生锯齿状扭曲，还会产生 100Hz 交流声，如图 2-29 所示。

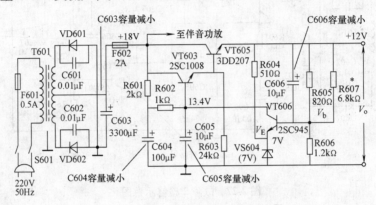

图 2-29　故障 4 检修示意图

思考与练习

1. 小功率直流稳压电源由_____、_____、_____、_____四部分组成。

2. 小功率稳压电路通常由电源变压器、整流、滤波和稳压电路四部分组成，试画出实现这四个部分的一种电路。

3. 电路如图 2-30 所示。已知 u_2 的有效值足够大，试通过合理连线，构成 5V 的直流电源。

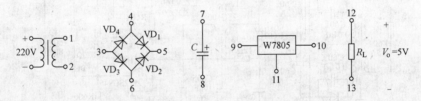

图 2-30　思考与练习 3 电路

技能训练 2-4　单片机应用电路电源模块的制作与调试

实训环境：虚拟实验室、电子技术实训室。

实验目的：

1）研究电路的功能，掌握电路的工作原理。

2）学会稳压电源的调试及制作。

实验电路：

带指示灯的直流稳压电源模块的电路板电路及其仿真电路如图 2-31 所示。

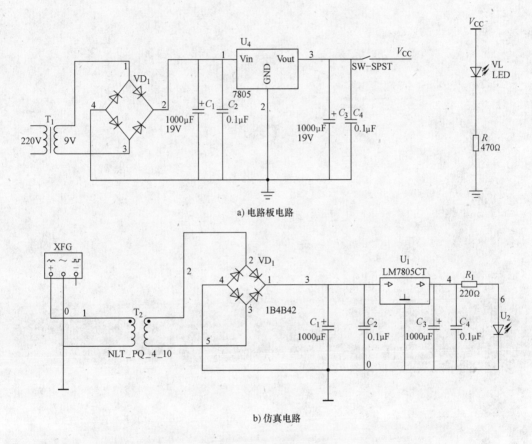

图 2-31　带指示灯的直流稳压电源模块的电路板电路及其仿真电路

实验仪器：

交流电源、示波器、数字万用表和直流稳压电源制作套件。

实验内容：

1）完成该部分电路的原理图绘制（采用 EDA 软件）。

2）完成该部分电路的简单排版和制作。

3）了解主要器件 7805 芯片的功能及使用。

4）了解该部分电路的功能及组成。

5）了解电源设计的其他方案。

　　本实训作品中，信号源是幅值为 220V、频率为 50Hz 的正弦交流信号，电路的元器件及参数如图 2-31 所示，最终以实现电路接通、7805 芯片输出 5V 电压并驱动 LED 点亮为完成标志，可采用示波器观察电源内部的降压、整流、滤波及稳压过程。

　　实验小结：

_____。

第 3 章　放大电路的应用与测试

放大电路在模拟电路设计中几乎无处不在。在现代电子系统中，电信号的产生、发送、接收、变换和处理，几乎都以放大电路为基础。20 世纪初，真空晶体管的发明和电信号放大的实现，标志着电子学发展到了一个新的阶段。20 世纪 40 年代末晶体管的问世，特别是60 年代集成电路的问世，加速了电子放大器以及电子系统小型化和微型化的进程。以下内容将对放大器的典型应用功能模块：晶体管放大电路、模拟信号运算电路，滤波电路、比较器、信号发生器及功率放大电路等结合实际应用案例进行分析及测试。本部分内容较多，读者可以有选择地阅读并完成有关软件仿真调试实验及实际电路测试任务。希望能通过对本部分内容的学习使读者了解各种放大电路的功能及应用，并找到自己感兴趣的内容，继续深入。

技能训练项目

1. 固定偏置共射放大电路的静态工作点测试
2. 固定偏置共射放大电路的交流性能测试
3. 分压偏置共射放大电路的研究与测试
4. 分压偏置共射放大电路板的测试
5. 负反馈放大电路的测试与研究
6. 各种信号运算电路的设计
7. 积分运算电路与微分运算电路的测试与研究
8. 模拟信号运算电路的搭建与测试
9. 滤波电路的特性研究
10. 非正弦波发生电路的测试与研究
11. 低频功率放大电路的测试与研究
12. OTL 功率放大电路板的测试

3.1　放大电路基本介绍

➢ 放大电路的基本概念
➢ 放大电路的基本组成和组成原则
➢ 放大电路的性能分析

3.1.1　放大电路的基本概念

放大现象存在于各种场合，例如，利用放大镜放大微小物体，利用杠杆原理用小力移动重物，利用变压器将低电压变换为高电压等。研究发现它们有以下共同点：一是将"原物"形状或大小按一定比例放大了；二是放大前后能量守恒。

利用扬声器放大声音，是电子学中的放大。传声器（传感器）将微弱的声音转换成电信号，经放大电路放大成足够强的电信号后，驱动扬声器，使其发出较原来强得多的声音。这种放大与上述放大的不同之处在于：扬声器所获得的能量远大于传声器所送出的能量。所以电子学中的"放大"的本质是实现能量的控制，即能量的转换：用能量较小的输入信号来控制另一个能源，使输出端的负载上得到能量比较大的信号。

1. 放大电路的功能

放大电路是放大信号的一种装置，又叫放大器。它的功能是将微弱的电信号（电压、电流、功率）放大到所需要的数值，从而使电子设备的终端执行元件（如继电器、扬声器、仪表等）有所动作或显示。

放大电路通常由四个部分组成，如图 3-1 所示。

信号源：负责向放大器提供输入的电信号。

直流电源：提供放大所需的能源。

放大器：使负载从电源获得的能量大于信号源所提供的能量，要求提供足够的放大能力并尽可能减小失真。

负载：为终端执行元件。

图 3-1　放大电路的功能框图

2. 放大电路的参数及基本要求

（1）放大电路的主要参数　人们给放大电路规定了若干性能指标，用来描述和鉴别放大电路性能的优劣。这些指标主要有：放大倍数（即增益）、输入电阻、输出电阻、频率特性和非线性失真系数等。对放大电路的分析，就是具体分析这些指标，以及影响这些指标的因素，从中得出改善这些指标的方法。在实际应用中，主要根据这些指标，来选择设计合乎需要的放大电路。

1）放大倍数：用于表示放大器的放大能力。放大倍数越大，则放大电路的放大能力越强。图 3-2 所示为放大电路示意图。

电压放大倍数定义为

$$\dot{A}_u = \frac{u_o}{u_i}$$

图 3-2　放大电路示意图

电流放大倍数定义为

$$\dot{A}_i = \frac{\dot{i}_o}{\dot{i}_i}$$

功率放大倍数定义为

$$\dot{A}_P = \frac{P_o}{P_i} = \left| \frac{U_o I_o}{U_i I_i} \right| = \left| \frac{U_o}{U_i} \times \frac{I_o}{I_i} \right| = |A_u A_i|$$

放大倍数也常用 dB（分贝）来表示，称为增益，定义如下：

$$A_u = 20 \lg |\dot{A}_u|$$

$$A_i = 20 \lg |\dot{A}_i|$$

$$A_P = 10 \lg |\dot{A}_P|$$

2）最大不失真输出幅度：表示在输出波形不失真的情况下，放大电路能够提供给负载的最大输出电压或电流。

3）非线性失真系数 D：由于放大器件输入、输出特性的非线性，因此放大电路的输出波形不可避免地将产生非线性失真，定义为 D：

$$D = \frac{\sqrt{U_2^2 + U_3^2 + \cdots}}{U_1}$$

式中，U_1、U_2、U_3 等分别表示输出信号中的基波、二次谐波、三次谐波等的有效值。

4）输入电阻 R_i：从放大电路的输入端看进去的等效电阻，如图 3-3 所示。用于衡量一个放大电路向信号源索取信号大小的能力。

一般来说，放大电路的输入电阻 R_i 越大越好。R_i 越大，i_i 就越小，从信号源索取的电流越小。当信号源有内阻时，R_i 越大，u_i 就越接近 u_S。

5）输出电阻 R_o：从放大电路的输出端看进去的等效电阻，如图 3-4 所示。

输出电阻是衡量一个放大电路带负载能力的指标。输出电阻越小，则放大电路的带负载能力越强，反之则差。

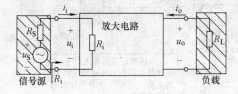

图 3-3　放大电路输入电阻示意图

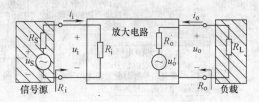

图 3-4　放大电路输出电阻示意图

6）通频带：通频带的宽度表征了放大电路对不同频率的输入信号的响应能力。

实际应用中，放大器所放大的信号并非单一频率，例如语言、音乐信号的频率范围在 20～20000Hz，图像信号的频率范围在 0～6MHz，还有其他范围。这就要求放大电路对信号频率范围内的所有频率都具有相同的放大效果，输出才能不失真地重显输入信号。

由于实际电路中存在的电容、电感元件及晶体管本身的结电容效应，对交流信号都具有一定的影响。所以同一个放大器对不同频率的信号具有不同的放大效果。

在图 3-5 所示的放大电路幅频特性中，夹在上限截止频率和下限截止频率间的频率范围称做通频带 f_{BW}，即

$$f_{BW} = f_H - f_L$$

7）最大输出功率与效率 η：输出功率是指在输出信号不产生明显失真的前提下，能够向负载提供的最大输出功率，用 P_{om} 表示。效率是指最大输出功率 P_{om} 与直流电源消耗的功率 P_v 之比，即 $\eta = P_{om}/P_v$。

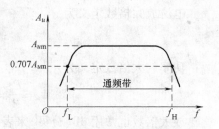

（2）放大电路的基本要求

1）要有足够的放大倍数（电压、电流、功率）。

2）尽可能小的波形失真。

图 3-5　放大电路的幅频特性曲线

另外还有输入电阻、输出电阻、通频带等其他技术指标。在不同场合使用的放大器，其要求是各不相同的。

放大电路的基本形式有三种：共发射极放大电路，共基极放大电路和共集电极放大电路。不同接法的放大电路具有不同的特点，也就具有不同的适用场合，在构成多级放大器时，这几种电路常常需要相互组合使用。

现代使用最广的是以晶体管（晶体管或场效应晶体管）放大电路为基础的集成放大器。大功率放大以及高频、微波的低噪声放大，常用分立晶体管放大器。高频和微波的大功率放大主要靠特殊类型的真空管，如功率晶体管或四极管、磁控管、速调管、行波管以及正交场放大管等。

3.1.2　放大电路的基本组成和组成原则

1. 放大电路的基本组成

共射放大电路（也称为共发射极放大电路）是晶体管放大电路的基本形式。下面将以图 3-6 所示的共射放大电路为例，介绍放大电路的基本组成。

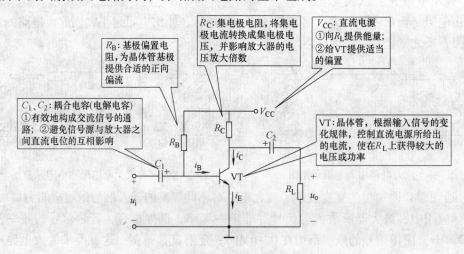

图 3-6　共射放大电路的基本组成示意图

由图 3-6 所示电路可知，共射放大电路的组成如下：

1）晶体管 VT：起电流放大作用，是放大电路的核心器件。

2）集电极电源 V_{CC}：有两个作用，一方面与 R_B、R_C 相配合，保证晶体管工作在放大状态；另一方面为输出信号提供能量。V_{CC} 的数值一般为几至十几伏。

3）基极偏置电阻 R_B：与 V_{CC} 配合，决定放大电路基极静态偏置电流的大小。R_B 的数值一般为几十至几百千欧。

4）集电极电阻 R_C：主要是将晶体管集电极电流的变化量转换为电压的变化量。R_C 的数值一般为几至几十千欧。

5）耦合电容 C_1、C_2："隔直通交"的作用。C_1、C_2 一般为几至几十微法的电解电容。电路中符号"⊥"为接地符号，是电路中的零参考电位。

图 3-6 所示电路从输入端送入需要放大的交流信号 u_i，从输出端取出放大以后的信号 u_o。其中发射极是输入回路和输出回路的公共端，故该电路称为共射放大电路。

2. 放大电路的组成原则

判断一个电路有无放大作用，应根据以下几条：

1）外加电源的极性是否能够保证晶体管的发射结正偏、集电结反偏，从而使晶体管工作在放大区。

2）输入回路的接法是否能将信号送进去。

3）输出回路的接法是否将放大的信号送出来。

3.1.3　放大电路的性能分析

当放大电路有交流信号输入时，则输入端电流、电压和输出端电流、电压都既含有直流成分，又含有交流成分。由于电路中有电容元件 C_1、C_2，因而直流分量电流和交流分量电流通过的路径不同，故放大电路分为直流通道和交流通道来考虑。以下均以共射放大电路为例进行说明。

1. 直流通路和交流通路的绘制

（1）直流通路　直流通路是直流电源作用下直流电流流经的道路。分析方法如下：

1）电容视为开路。

2）电感线圈视为短路。

3）信号源若为电压源则可视为短路，但应保留其内阻。

例如，图 3-7a 所示为共射放大电路（见图 3-6）的直流通路。

（2）交流通路　交流通路是输入信号作用下交流信号流经的道路。分析方法如下：

1）容量大的电容（如耦合电容）视为短路。

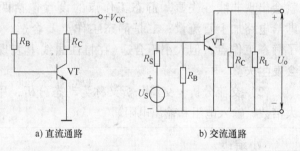

a) 直流通路　　　　　b) 交流通路

图 3-7　共射放大电路的直流通路与交流通路

2）电感线圈视为开路。

3）无内阻的直流电源（如 +V_{CC}）视为短路。

例如，图 3-7b 所示为共射放大电路（见图 3-6）的交流通路。

2. 放大电路中电压、电流的表示符号

1）直流分量。如图 3-8a 所示波形，用大写字母和大写下标表示，如 I_B 表示基极的直流电流。

2）交流分量。如图 3-8b 所示波形，用小写字母和小写下标表示，如 i_b 表示基极的交流电流。

3）总变化量。如图 3-8c 所示波形，是直流分量和交流分量之和，即交流叠加在直流上，用小写字母和大写下标表示，如 i_B 表示基极电流总的瞬时值，其数值为 $i_B = I_B + i_b$。

4）交流有效值。用大写字母和小写下标表示。如 I_b 表示基极的正弦交流电流的有效值。

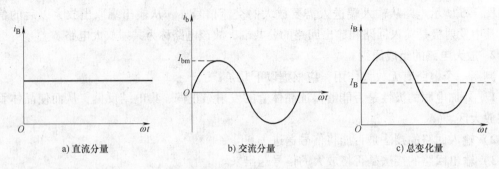

a) 直流分量　　　　　　　b) 交流分量　　　　　　　c) 总变化量

图 3-8　晶体管基极的电流波形

3. 放大电路的分析方法

分析放大电路时，为了简便起见，往往把直流分量和交流分量分开处理，通常又将这两种情况分别叫做静态分析和动态分析。分析静态时用直流通路，分析动态时用交流通路。

（1）直流分析　直流分析又称为静态分析，用于求解当输入信号为零时，放大电路各处的直流电流、直流电压值。由于其值在晶体管的输出特性曲线上正好表现为某点坐标，故此点也称为静态工作点，用符号 Q 表示。静态工作点通常可以用晶体管的基极电流 I_{BQ}、基极-发射极电压 U_{BEQ}、集电极电流 I_{CQ} 及集电极-发射极电压 U_{CEQ} 来表示。

放大电路静态工作点的设置，是为了保证不失真（或基本不失真）地放大信号。否则就会出现非线性失真。静态工作点的设置包括两方面含义：一是必须设置静态工作点，即给电路加上直流量；二是静态工作点要合适，即所加直流量的大小要适中。如果设置了静态工作点，但大小不合适（在特性曲线上表现为工作点 Q 的位置太高或太低），则将会发生失真。

（2）交流分析　交流分析又称为动态分析，用于求解放大器的交流性能指标即电压放大倍数、输入电阻和输出电阻。

> **小结：**
> ◆　对一个放大电路进行定量分析，不外乎做两方面工作：第一，确定静态工作点；第二，计算放大电路在有信号输入时的放大倍数、输入阻抗、输出阻抗等。通常遵循"先静、后动"的原则，只有当静态工作点合适、电路不产生失真时，动态分析才有意义。

思考与练习

1. 绘制一个基本电压放大电路，了解其信号是如何传递放大的。

2. 判断图 3-9 中电路能否对交流信号电压实现正常的放大。若不能，说明原因。

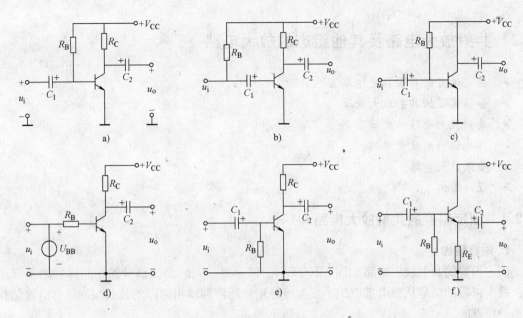

图 3-9 思考与练习 2 图

3.2 共射放大电路及其他组态的放大电路

- ➢ 固定偏置的共射放大电路
- ➢ 分压偏置的共射放大电路
- ➢ 共射放大电路的故障检测
- ➢ 其他组态的放大电路
- ➢ 多级放大电路
- ➢ 设计案例

3.2.1 固定偏置的共射放大电路

1. 电路结构

固定偏置的共射放大电路如图 3-10 所示，将需要放大的交流信号加在晶体管的基极送入，放大以后的信号从集电极取出。发射极是输入回路和输出回路的公共端。具有电路结构简单的特点。

2. 放大电路的静态分析

放大电路 Q 点的分析计算有两种：估算法和图解法。实践中常用万用表测量放大器的静态工作点来判断该放大器的工作状态是否正常。

（1）估算法确定静态工作点

1）根据图 3-10 所示的放大电路，绘制其直流通路如图 3-11 所示。

2）根据电路的直流通路，先由基极回路求出静态时的基极电流 I_{BQ}：

$$I_{BQ} = \frac{V_{CC} - U_{BEQ}}{R_B}$$

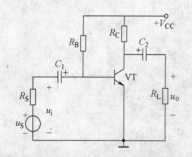

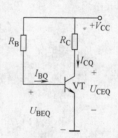

图 3-10   固定偏置的共射放大电路   图 3-11   电路的直流通路

式中，硅管的基极-发射极电压 U_{BEQ} 的取值范围是 $0.6 \sim 0.8V$，通常取 $0.7V$；锗管的基极-发射极电压 U_{BEQ} 的取值范围是 $0.1 \sim 0.3V$，通常取 $0.3V$。

3）根据晶体管各极电流关系，再求出静态工作点的集电极电流 I_{CQ}：

$$I_{CQ} = \beta I_{BQ}$$

4）根据集电极输出回路可求出 U_{CEQ}：

$$U_{CEQ} = V_{CC} - I_{CQ}R_C$$

例 3-1   试估算出图 3-10 所示的固定偏置共射放大电路的静态工作点。其中 $V_{CC} = 12V$，

$R_C = 3\text{k}\Omega$，$R_B = 280\text{k}\Omega$，$\beta = 50$。

解： 根据该电路的直流通道可推导得出

$$I_{BQ} = \frac{V_{CC} - U_{BEQ}}{R_B}$$

$$I_{CQ} = \beta I_{BQ}$$

$$U_{CEQ} = V_{CC} - I_{CQ}R_C$$

代入数据，得

$$I_{BQ} = \frac{12\text{V} - 0.7\text{V}}{280\text{k}\Omega} \approx 0.040\text{mA} = 40\mu\text{A}$$

$$I_{CQ} = 50 \times 0.040\text{mA} = 2\text{mA}$$

$$U_{CEQ} = (12 - 2 \times 3)\text{V} = 6\text{V}$$

小结：

◆　固定偏置式放大电路的直流偏置：一旦电源 V_{CC} 和偏置电阻 R_B 确定，I_B 也就固定不变，故称其为固定式偏置电路。

◆　固定偏置式电路结构简单，但静态工作点不稳定。

（2）图解法确定静态工作点　所谓图解法，就是根据晶体管的输入、输出特性，采用作图的方式分析放大电路的工作性能。图 3-12 所示为固定偏置共射放大电路的输出特性及直流负载线。其中 3-12a 所示是其直流通路的变形，图 3-12b 所示是晶体管的输出特性曲线，图 3-12c 给出了负载回路的电压方程：$u_{CE} = V_{CC} - i_C R_C$，该式又叫做直流负载线方程，图 3-12d 所示是采用图解法绘制的 Q 点。

采用图解法求 Q 点的步骤：

1）在输出特性曲线所在坐标中，按直流负载线方程 $u_{CE} = V_{CC} - i_C R_C$ 作出直流负载线。

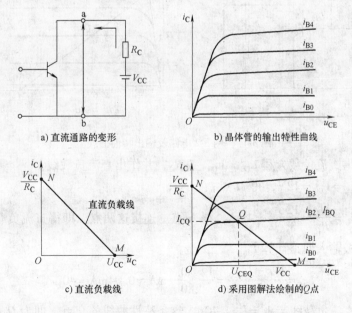

a) 直流通路的变形　　　　　b) 晶体管的输出特性曲线

c) 直流负载线　　　　　d) 采用图解法绘制的 Q 点

图 3-12　输出特性及直流负载线

2）由直流通道的基极回路求出 I_{BQ}。

3）在输出特性曲线中找出 $i_B = I_{BQ}$ 这一条输出特性曲线，其与直流负载线的交点即为 Q 点。此时 Q 点坐标的电流、电压值即为静态工作值。

图 3-13 为图解法确定 Q 点的流程说明。

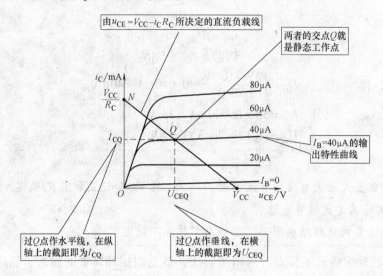

图 3-13　图解法确定 Q 点的流程说明

例 3-2　图 3-14a 所示电路中，已知 $R_B = 280\text{k}\Omega$，$R_C = 3\text{k}\Omega$，$V_{CC} = 12\text{V}$，晶体管的输出特性曲线如图 3-14b 所示，试用图解法确定静态工作点。

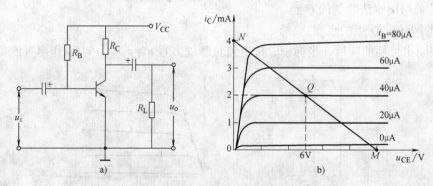

图 3-14　例 3-2 电路及输出特性曲线

解：首先写出直流负载方程 $u_{CE} = V_{CC} - i_C R_C$，并作出直流负载线。

由 $i_C = 0$，$u_{CE} = V_{CC} = 12\text{V}$，得 M 点；

由 $u_{CE} = 0$，$i_C = \dfrac{V_{CC}}{R_C} = \dfrac{12}{3}\text{mA} = 4\text{mA}$，得 N 点。连接这两点，即得直流负载线。

然后，由基极输入回路计算 I_{BQ}：

$$I_{BQ} = \frac{V_{CC} - U_{BEQ}}{R_B} = \frac{12 - 0.7}{280}\text{mA} \approx 0.04\text{mA} = 40\mu\text{A}$$

在图上找到直流负载线与 $i_B = I_{BQ} = 40\mu\text{A}$ 这条特性曲线的交点，即为 Q 点，从图上查出 $I_{BQ} = 40\mu\text{A}$，$I_{CQ} = 2\text{mA}$，$U_{CEQ} = 6\text{V}$，与估算结果一致。

（3）电路参数对静态工作点的影响

1）R_B 对 Q 点的影响。R_B 的改变，将使 I_{BQ} 随之发生改变，但直流负载线 MN 不变。如图 3-15a 所示，当 R_B 增大为 R_{B1} 时，静态工作点由 Q 点沿负载线下移至 Q_1 点；当 R_B 减小为 R_{B2} 时，静态工作点由 Q 点沿负载线上移至 Q_2 点。由此可知，R_B 的变化会使 Q 点沿着负载线 MN 上下移动。

2）R_C 对 Q 点的影响。R_C 的变化仅改变直流负载线的 N 点，即仅改变直流负载线的斜率。如图 3-15b 所示，当 R_C 减小为 R_{C1} 或增大为 R_{C2} 时，只是使静态工作点由 Q 点向左平移至 Q_1 或向右平移至 Q_2。

3）V_{CC} 对 Q 点的影响。V_{CC} 的变化不仅影响 I_{BQ}，还影响直流负载线。静态工作点的变化如图 3-15c 所示，当 V_{CC} 减小为 V_{CC1} 时，静态工作点由 Q 点转移至 Q_1 点，当 V_{CC} 增大为 V_{CC2} 时，静态工作点由 Q 点转移至 Q_2 点。

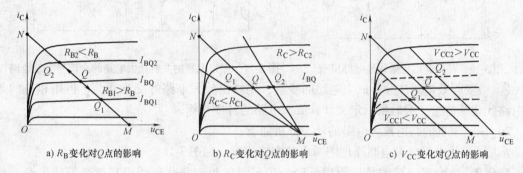

a）R_B 变化对 Q 点的影响　　　b）R_C 变化对 Q 点的影响　　　c）V_{CC} 变化对 Q 点的影响

图 3-15　R_B、R_C 及 V_{CC} 对 Q 点的影响示意图

实际调试中，主要通过改变电阻 R_B 来改变静态工作点，而很少通过改变 V_{CC} 来改变静态工作点。

（4）Q 点的设置　对一个放大电路来说，人们通常希望它的输出信号能正确地反映输入信号的变化，也就是要求其波形失真小，否则就失去了放大的意义。由于输出信号波形与静态工作点有密切的关系，所以静态工作点的设置要合理。

所谓合理，即 Q 点的位置应使晶体管各极电流、电压的变化量处于特性曲线的线性范围内（放大工作区内）。具体地说，如果输入信号幅值比较大，Q 点应选在直流负载线的中央；如果输入信号幅值比较小，从减小电源的消耗考虑，Q 点应靠近截止区。

若静态工作点设置得不合适，就会引起输出波形失真，若 Q 点偏低，会产生截止失真；若 Q 点偏高，会产生饱和失真。

实际调试中，主要通过改变电阻 R_B 来改变静态工作点。

3. 放大电路的动态分析

（1）微变等效电路法　它是用于分析交流分量的简约方法。

1）微变等效电路法简介：

① 指导思想：先把非线性器件晶体管所组成的放大电路等效成一个线性电路，就是放大电路的微变等效电路，然后用线性电路的分析方法来分析，这种方法称为微变等效电路分析法。

② 晶体管的 h 参数等效电路：由输入特性看，晶体管的输入回路可用一个等效线性电阻替代。由输出特性看，晶体管的输出回路可用一个电流控制的电流受控源替代，故晶体管的等效线性电路模型如图 3-16 所示。

其中，r_{be} 为晶体管的动态输入电阻，其计算公式为

$$r_{be} = r_{bb'} + (1 + \beta)\frac{26\text{mV}}{I_{EQ}}$$

式中，I_{EQ} 的单位为 mA；$r_{bb'}$ 为晶体管的基极电阻，对于小功率管，$r_{bb'}$ 的取值多在几十到几百欧，可以通过查阅器件手册了解。在近似计算时，$r_{bb'}$ 约为 300Ω。

③ 放大电路的小信号等效电路（微变等效电路）：以固定偏置的共射放大电路的交流通路为例，将晶体管用其线性模型替代后的等效电路如图 3-17 所示。

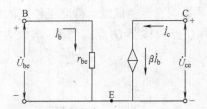 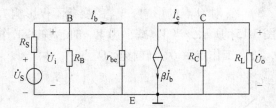

图 3-16　晶体管的等效线性电路模型　　图 3-17　固定偏置的共射放大电路的小信号等效电路

④ 微变等效电路法分析放大电路的步骤：先画出放大电路的交流通路，再用相应的等效电路代替晶体管，最后根据定义计算放大电路的各项指标。

2）固定偏置的共射放大电路的动态分析如下：

步骤 1：先根据放大电路原理图画出其交流通路，如图 3-18a、b 所示。

步骤 2：将交流通路的晶体管用低频小信号等效模型替代，即得其微变等效电路，如图 3-18c 所示。

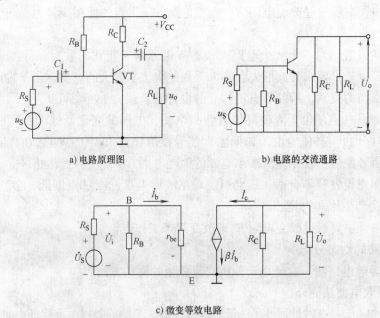

a) 电路原理图　　　　　　　　　　b) 电路的交流通路

c) 微变等效电路

图 3-18　固定偏置的共射放大电路的微变等效电路绘制示意图

步骤 3：根据微变等效电路，分析计算出放大电路的电压放大倍数、输入电阻及输出电阻等交流性能参数。

① 电压放大倍数：

$$\dot{A}_u = \frac{\dot{U}_o}{\dot{U}_i} = \frac{-R'_L I_c}{r_{be} I_b} = \frac{-R'_L \beta I_b}{r_{be} I_b} = -\frac{\beta R'_L}{r_{be}}$$

式中，$R'_L = R_L /\!/ R_C$。

② 输入电阻：

$$R_i = \frac{\dot{U}_i}{\dot{I}_i} = R_B /\!/ r_{be}$$

③ 输出电阻：

$$R_o = \frac{\dot{U}_o}{\dot{I}_o} = R_C$$

例 3-3　电路如图 3-10 所示，已知 $V_{CC} = 12\text{V}$，$R_B = 300\text{k}\Omega$，$R_C = 3\text{k}\Omega$，$R_L = 3\text{k}\Omega$，$R_S = 3\text{k}\Omega$，$\beta = 50$，$r_{bb'} = 300\Omega$，试求：

（1）R_L 接入和断开两种情况下电路的电压放大倍数 $\dot{A}_u$。

（2）输入电阻 R_i 和输出电阻 R_o。

（3）输出端开路时的源电压放大倍数 $\dot{A}_{uS} = \dfrac{\dot{U}_o}{\dot{U}_S}$。

解：先求静态工作点：

$$I_{BQ} = \frac{V_{CC} - U_{BEQ}}{R_B} \approx \frac{V_{CC}}{R_B} = \frac{12}{300 \times 10^3}\text{A} = 40\mu\text{A}$$

$$I_{CQ} = \beta I_{BQ} = 50 \times 40 \times 10^{-6}\text{A} = 2\text{mA}$$

$$U_{CEQ} = V_{CC} - I_{CQ}R_C = (12 - 2 \times 3)\text{V} = 6\text{V}$$

再求晶体管的动态输入电阻：

$$r_{be} = 300\Omega + (1+\beta)\frac{26\text{mV}}{I_{EQ}} = \left[300 + (1+50) \times \frac{26}{2}\right]\Omega = 963\Omega = 0.963\text{k}\Omega$$

根据电路的交流通路画出电路的微变等效电路，由微变等效电路分析计算各项指标：

（1）R_L 接入时的电压放大倍数为

$$\dot{A}_u = -\frac{\beta R'_L}{r_{be}} = -\frac{50 \times \dfrac{3 \times 3}{3+3}}{0.963} = -78$$

R_L 断开时的电压放大倍数为

$$\dot{A}_u = -\frac{\beta R_C}{r_{be}} = -\frac{50 \times 3}{0.963} = -156$$

（2）放大器的输入电阻 R_i 为

$$R_i = R_B /\!/ r_{be} = 300 /\!/ 0.963\text{k}\Omega \approx 0.96\text{k}\Omega$$

输出电阻 R_o 为

$$R_o = R_C = 3\text{k}\Omega$$

（3）源电压放大倍数为

$$\dot{A}_{uS} = \frac{\dot{U}_o}{\dot{U}_S} = \frac{\dot{U}_i}{\dot{U}_S} \times \frac{\dot{U}_o}{\dot{U}_i} = \frac{R_i}{R_S + R_i}\dot{A}_u = \frac{0.96}{3+0.96} \times (-156) \approx 37.82$$

> **小结：**
> ◆ 共射放大电路既有电流放大能力又有电压放大能力，且其输出电压与输入电压相位相反。
> ◆ 共射放大电路在空载时的电压放大倍数比带负载时要大。
> ◆ 共射放大电路的输入电阻值由基极偏置电阻与 r_{be} 的并联值来决定，输出电阻值由晶体管集电极电阻来决定。

（2）图解法　图解法分析动态特性的步骤：①首先作出直流负载线，求出静态工作点 Q。②作出交流负载线。③从交流负载线画出输出电流、电压波形，或求最大不失真输出电压。

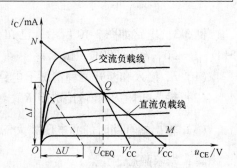

图 3-19　交流负载线的画法示意图

1）交流负载线的作法。图 3-19 所示为交流负载线的画法示意图。

交流负载线具有两个特点：①交流负载线必通过静态工作点，因为当输入信号 u_i 的瞬时值为零时，若忽略电容 C_1、C_2 的影响，则电路状态和静态时相同。②交流负载线的斜率等于 $-1/(R_C//R_L)$。

故由 Q 点作一条斜率为 $-1/(R_C//R_L)$ 的直线，就是交流负载线（见图 3-19），通常可以通过交流负载线与横轴的交点坐标（$V'_{CC} = U_{CEQ} + I_{CQ}R'_L, 0$）与 Q 点来确定。

具体作法如下：

① 首先求出 $V'_{CC} = U_{CEQ} + I_{CQ}R'_L$ 在 u_{CE} 坐标的截距。

② 然后再与 Q 点相连，即可得到交流负载线。一般情况下交流负载线比直流负载线陡。

例 3-4　绘制例 3-2 中固定偏置共射放大电路的交流负载线。已知特性曲线如图 3-20 所示，$V_{CC} = 12V$，$R_C = 3k\Omega$，$R_L = 3k\Omega$，$R_B = 280k\Omega$。

解：首先作出直流负载线，求出 Q 点，再计算出在 u_{CE} 坐标的截距 V'_{CC}：

$$V'_{CC} = U_{CEQ} + I_{CQ}R'_L = U_{CEQ} + I_C(R_L//R_C)$$
$$= (6 + 2 \times 1.5)V = 9V$$

最后连接该两点即为交流负载线，如图 3-20 所示。

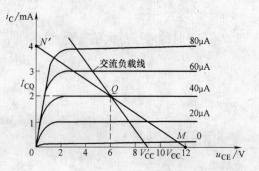

图 3-20　例 3-4 的交流负载线的示意画法

2）波形分析。首先由输入及输出特性曲线绘制出输入及输出电压、电流的波形。

① 根据 u_i 在输入特性上求 u_{BE} 和 i_B，如图 3-21a 所示。

② 由输出特性曲线和交流负载线求 i_C 和 u_{CE}，如图 3-21b 所示。

从图解分析过程，可得出如下几个重要结论：

① 放大器中的各个量 u_{BE}、i_B、i_C 和 u_{CE} 都由直流分量和交流分量两部分组成。

② 由于 C_2 的隔直作用，u_{CE} 中的直流分量 U_{CEQ} 被隔开，放大器的输出电压 u_o 等于 u_{CE} 中

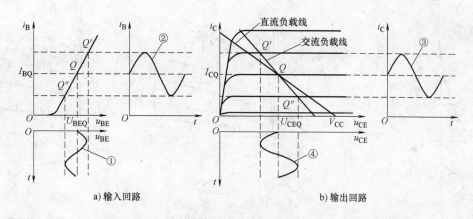

图 3-21 放大电路的波形分析示意图

的交流分量 u_{ce}，且与输入电压 u_i 反相。

③ 放大器的电压放大倍数可由 u_o 与 u_i 的幅值之比或有效值之比求出。负载电阻 R_L 越小，交流负载电阻 R_L' 也越小，交流负载线就越陡，从而使 U_{om} 减小，电压放大倍数下降。

④ 静态工作点 Q 设置得不合适，会对放大电路的性能造成影响。若 Q 点偏高，当 i_b 按正弦规律变化时，Q' 进入饱和区，造成 i_c 和 u_{ce} 的波形与 i_b（或 u_i）的波形不一致，输出电压 u_o（即 u_{ce}）的负半周出现平顶畸变，称为饱和失真，如图 3-22a 所示；若 Q 点偏低，则 Q'' 进入截止区，输出电压 u_o 的正半周出现平顶畸变，称为截止失真，如图 3-22b 所示。饱和失真和截止失真统称为非线性失真。

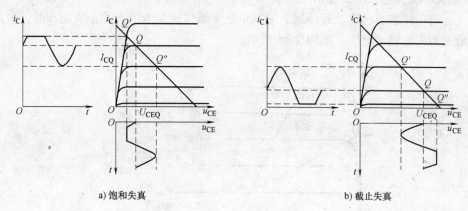

a) 饱和失真　　　　　　　　　　　　　　　　　　b) 截止失真

图 3-22 Q 点不合适引起的失真

3）放大电路的非线性失真分析

① 由晶体管的非线性引起的失真。如图 3-23 所示，晶体管的非线性表现在输入特性的弯曲部分和输出特性间距的不均匀部分。如果输入信号的幅值比较大，将使 i_B、i_C 和 u_{CE} 正、负半周不对称，产生非线性失真。

② 静态工作点不合适引起的失真。如图 3-24 所示，若 Q 点偏低，会产生截止失真（对 NPN 型管，输出波形出现顶部失真）；若 Q 点偏高，则会产生饱和失真（对 NPN 型管，输出波形出现底部失真）。

说明：PNP 型晶体管的输出电压 u_o 的波形失真现象与 NPN 型晶体管的相反。

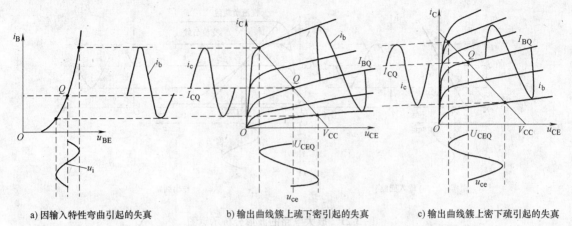

a) 因输入特性弯曲引起的失真　　　b) 输出曲线簇上疏下密引起的失真　　　c) 输出曲线簇上密下疏引起的失真

图 3-23　晶体管的非线性引起的失真

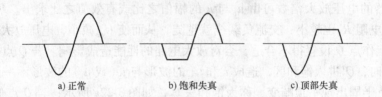

a) 正常　　　　　　b) 饱和失真　　　　　　c) 顶部失真

图 3-24　Q 点不合适引起的失真

4）最大不失真输出电压幅值 U_{max} 或峰-峰值 U_{p-p}。

定义：当工作状态已定、逐渐增大输入信号、晶体管尚未进入截止或饱和时，输出所能获得的最大不失真输出电压，如图 3-25 所示。

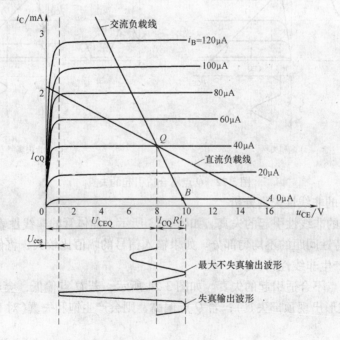

图 3-25　最大不失真输出电压幅值分析示意图

当 u_i 增大时，若首先进入饱和区，则最大不失真输出电压受饱和区限制：$U_{cem} = U_{CEQ} - U_{ces}$；若首先进入截止区，则最大不失真输出电压受截止区限制：$U_{cem} = I_{CQ}R'_L$，因此，最大不失真输出电压值应选取两个当中较小的一个。

若 $I_{CQ}R'_L < (U_{CEQ} - U_{ces})$，则 $U_{max} = U_{cem} = I_{CQ}R'_L$。

利用图解法进行动态分析，能直观地反映输入电流和输出电流、电压的波形关系，形象地反映静态工作点不合适引起的非线性失真，但它对交流特性的分析，如对 A_u、R_i、R_o 的计算，有的却十分麻烦，有的根本就无能为力，所以图解法主要用于分析小信号放大电路的非线性失真和大信号放大电路。

4. 放大电路的频率特性及其测试

（1）放大电路的频率特性　所谓放大电路的频率特性，就是放大电路对不同频率的响应特性。频率特性是放大电路的一个重要性能指标，特别是对于音响设备，频率特性的优劣直接反映其质量的好坏。

放大电路对不同频率的交流信号有不同的放大倍数和相位移，即放大电路放大倍数的幅值和相位都是频率的函数，分别称为幅频特性和相频特性，合称为频率特性。

图 3-26a 是共射放大电路的幅频特性曲线。由图可见，在一个较宽频率范围内，放大倍数的幅值不随信号频率变化，这段频率范围也叫中频段，其放大倍数数值用 $|\dot{A}_{um}|$ 表示；当信号频率降低或升高时，放大电路的放大倍数幅值会发生衰减。

将放大倍数下降到 $\dfrac{1}{\sqrt{2}}|\dot{A}_{um}|$（即比 $|\dot{A}_{um}|$ 减少 3dB）时对应的频率叫做截止频率。如图3-26 所示，临界点处的信号频率 f_L 称为下限截止频率，f_H 称为上限截止频率。频率 $f < f_L$ 的范围和 $f > f_H$ 的范围分别称为低频段和高频段。

从图 3-26b 所示的相频特性曲线可知，对不同的频率，相位移不同，中频段为 $-180°$，低频段比中频段超前 $45°$，高频段则比中频段滞后 $45°$。

如图 3-27 所示为共射放大电路的频率特性分析示意图，对应的下限截止频率是 f_L，上限截止频率是 f_H。

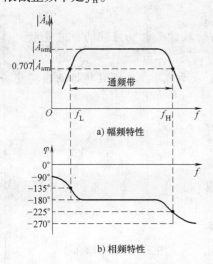

a) 幅频特性

b) 相频特性

图 3-26　共射放大电路的频率特性

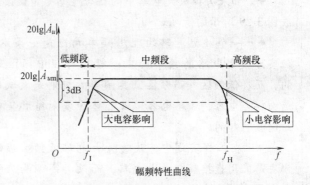

幅频特性曲线

图 3-27　共射放大电路的频率特性分析示意图

1）通频带。通常将放大电路的放大倍数下降到最大放大倍数的 0.707 倍时所对应的频率范围称为通频带，即夹在上限频率和下限频率间的频率范围称为通频带 f_{BW}。

$$f_{BW} = f_H - f_L$$

通频带的其他叫法：3dB 带宽、半功率频带。

2）形成通频带的原因。耦合电容和旁路电容（大电容）是使低频段放大倍数下降的原因，晶体管发射结和集电结的结电容（小电容）则是使高频段放大倍数下降的原因，如图 3-27 所示。

（2）放大电路幅频特性的测试

1）扫频法：图 3-28a 所示为扫频法测试电路，需用到专用电子测量仪器——扫频仪（又称频率特性测试仪），扫频仪输出扫频（RF）信号，作用于放大器，放大器的输出信号经检波器作用回送至扫频仪，最终可在显示屏上观测到放大器的幅频特性曲线，据此确定它的通频带 f_{BW}。

2）点频法：测试电路如图 3-28b 所示，用示波器观测放大器的输出波形。保持放大器输入信号的有效值不变，仅改变正弦信号的频率，当输出波形的振幅下降到最大值的 0.707 倍时，便可分别得到放大器的上限频率 f_H 和下限频率 f_L，也就得到了通频带 f_{BW}。若用双踪示波器分别观测各频率点下的 U_{om} 和 U_{im}（也可用交流毫伏表测 U_o 和 U_i），便可得到各频率点下的 $|A_u|$（$|A_u| = U_o/U_i = U_{om}/U_{im}$），从而在 $|A_u|$ 与 f 组成的直角坐标系中确定对应的点，描绘这些点并连接成线即可得到放大器的幅频特性曲线。

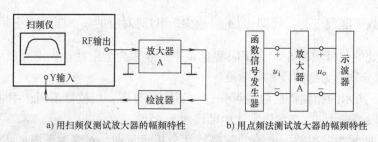

a) 用扫频仪测试放大器的幅频特性　　　b) 用点频法测试放大器的幅频特性

图 3-28　用扫频仪和点频法测试放大器的幅频特性

小结：

◆　通频带的宽度可以表征放大电路对不同频率的输入信号的响应能力，它是放大电路的重要技术指标之一。

◆　如果去掉放大电路中的耦合电容（如直接耦合放大电路），其幅频特性曲线将变成图 3-29 所示的情况。

◆　一个放大电路的理想频率响应是一条水平线，但实际放大电路的频率响应一般只有在中频区是平坦的，而在低频区或高频区，其频率响应则是衰减的，这是由耦合电容、旁路电容以及晶体管发射结和集电结的结电容引起的。

◆　在工程实践中，改善放大电路低频响应的根本方法是采用直接耦合放大电路，而改善高频响应的较好方法是采用共基极放大电路。

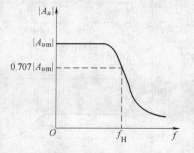

图 3-29　直接耦合放大电路的幅频特性

3.2.2 分压偏置的共射放大电路

1. 工作点的稳定

固定偏置式电路结构简单，但静态工作点不稳定。由于放大电路的多项重要技术指标均与静态工作点的位置直接相关。如果静态工作点不稳定，则放大电路的某些性能也将发生变化。因此，在实际工作中，必须采取措施稳定静态工作点。

工作点不稳定的原因很多，例如电源电压的变化，电路参数的变化，管子的老化与更换等，但主要是由于晶体管的参数（I_{CBO}、U_{BE}、β 等）随温度变化造成的。晶体管是一种对温度非常敏感的器件。温度变化主要影响晶体管的 U_{BE}、I_B、I_{CBO}、β 等参数，而这些参数的变化最终都表现为使静态电流 I_{CQ} 发生变化，即温度升高，I_{CQ} 增加，静态工作点上移；温度降低，I_{CQ} 减小，静态工作点下移。

根据上面的分析，只要能设法使 I_{CQ} 近似维持稳定，问题就可以得到解决。提高偏置电路热稳定性有许多措施，常采用分压式偏置电路和恒流源偏置电路。

2. 实用共射放大电路

分压式偏置电路或射极偏置电路是一种能自动稳定工作点的偏置电路。该电路是目前应用最广泛的一种实用偏置电路。

（1）电路组成　分压偏置的共射放大电路如图 3-30 所示。

当满足 $I_2 \gg I_{BQ}$ 时，则有 $V_B = \dfrac{R_{B2}}{R_{B1}+R_{B2}}V_{CC}$，电路的 Q 点就与温度基本无关。一般满足条件 $I_2 \geqslant (5 \sim 10)I_{BQ}$、$U_{BQ} \geqslant (5 \sim 10)U_{BEQ}$ 即可。

图 3-30 所示电路中主要元器件的作用：

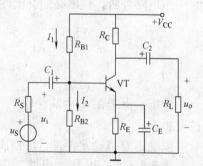

◆ 利用分压电阻 R_{B1} 和 R_{B2} 来固定基极电位 V_B。

◆ 射极电阻 R_E 的负反馈作用可以稳定电路的 Q 点。

◆ 接入 R_E 后，电压放大倍数会大大下降，为此，在

图 3-30 分压偏置的共射放大电路

R_E 两端并联一个大电容 C_E，此时电阻 R_E 和电容 C_E 的接入对电压放大倍数基本没有影响。C_E 称为旁路电容。

（2）电路的静态分析

1）估算法求 Q 值。根据图 3-30 所示电路绘出其直流通路，如图 3-31 所示，分析得到电路的 Q 点值为

$$\begin{cases} V_B = \dfrac{R_{B2}}{R_{B1}+R_{B2}}V_{CC} \\[2mm] I_{CQ} \approx I_{EQ} = \dfrac{V_B - U_{BEQ}}{R_E} \\[2mm] I_{BQ} = \dfrac{I_{CQ}}{\beta} \\[2mm] U_{CEQ} \approx V_{CC} - I_{CQ}(R_C + R_E) \end{cases}$$

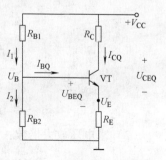

图 3-31 分压偏置共射放大
电路的直流通路

分析：由于晶体管的基极电位 V_{BQ} 是由 V_{CC} 分压后得到的，因此它不受温度变化的影响，

基本是恒定的。当集电极电流 I_{CQ} 随温度的升高而增大时，发射极电流 I_{EQ} 也相应增大，此电流流过 R_E，使发射极电位 V_{EQ} 升高，则晶体管的发射结电压 $U_{BEQ} = V_{BQ} - V_{EQ}$ 将降低，从而使静态基极电流 I_{BQ} 减小，于是 I_{CQ} 也随之减小，结果使静态工作点 Q 稳定。

2）电路特点。该偏置电路是通过射极电阻 R_E 的负反馈作用牵制集电极电流的变化的，使静态工作点 Q 稳定。所以此电路也称为电流反馈式工作点稳定电路。

分压式偏置电路不仅提高了静态工作点的热稳定性，而且对于换用不同晶体管时因参数不一致而引起的静态工作点的变化，同样也具有自动调节作用。

（3）电路的动态分析　先由图 3-30 所示的放大电路原理图画出其交流通路，将交流通路的晶体管用低频小信号等效模型替代，即得其微变等效电路，如图 3-32 所示。

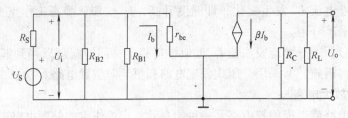

图 3-32　分压偏置共射放大电路的微变等效电路

由电路分析，该电路的交流性能参数分别为

$$A_u = -\frac{\beta R'_L}{r_{be}}$$

$$R_i = R_{B1} \mathbin{/\!/} R_{B2} \mathbin{/\!/} r_{be}$$

$$R_o = R_C$$

分析：由于在 R_E 两端并联了一个旁路电容 C_E，此时电阻 R_E 的接入对电压放大倍数基本没有影响。

该电路 Q 点稳定，是目前使用很广的电压放大器。

例 3-5　图 3-30 所示电路（接 C_E）中，已知 $V_{CC} = 12V$，$R_{B1} = 20k\Omega$，$R_{B2} = 10k\Omega$，$R_C = 3k\Omega$，$R_E = 2k\Omega$，$R_L = 3k\Omega$，$\beta = 50$，$r'_{bb} = 300\Omega$。试估算静态工作点，并求电压放大倍数、输入电阻和输出电阻。

解：（1）用估算法计算静态工作点：

$$V_B = \frac{R_{B2}}{R_{B1} + R_{B2}} V_{CC} = \frac{10}{20 + 10} \times 12V = 4V$$

$$I_{CQ} \approx I_{EQ} = \frac{V_B - U_{BEQ}}{R_E} = \frac{4 - 0.7}{2} mA = 1.65mA$$

$$I_{BQ} = \frac{I_{CQ}}{\beta} = \frac{1.65}{50} mA = 33\mu A$$

$$U_{CEQ} = V_{CC} - I_{CQ}(R_C + R_E) = [12 - 1.65 \times (3 + 2)]V = 3.75V$$

（2）求电压放大倍数：

$$r_{be} = 300\Omega + (1 + \beta)\frac{26mV}{I_{EQ}} = \left[300 + (1 + 50) \times \frac{26}{1.65}\right]\Omega \approx 1.1k\Omega$$

$$\dot{A}_u = -\frac{\beta R'_L}{r_{be}} = -\frac{50 \times \frac{3 \times 3}{3 + 3}}{1.1} = -68$$

（3）求输入电阻和输出电阻：

$$R_i = R_{B1} /\!/ R_{B2} /\!/ r_{be} = 20 /\!/ 10 /\!/ 1.1 \text{k}\Omega = 0.94 \text{k}\Omega$$

$$R_o = R_C = 3 \text{k}\Omega$$

3.2.3　共射放大电路的故障检测

1. 静态故障检测

图 3-33 ~ 图 3-39 所示为一个分压偏置的共射放大电路的静态故障检测，由放大电路的直流通道分析可知，电路正常工作时其晶体管三个管脚的电位可参考表 3-1。

表 3-1　电路正常工作时其晶体管三个管脚的电位

名　称	V_B/V	V_E/V	V_C/V
电　位	4.0	3.3	8.7

若出现以下故障，则晶体管各管脚的电位分别如下所述：

1）当 R_{B1} 开路时，晶体管截止，各管脚电位如图 3-33 所示。

2）当 R_{B2} 开路时，晶体管饱和，各管脚电位如图 3-34 所示。

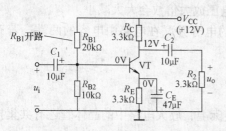

图 3-33　R_{B1} 开路情况

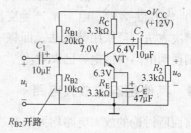

图 3-34　R_{B2} 开路情况

3）当 R_C 开路时，晶体管各管脚电位如图 3-35 所示。

4）当 R_E 开路时，晶体管各管脚电位如图 3-36 所示。

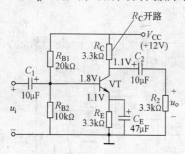

图 3-35　R_C 开路情况

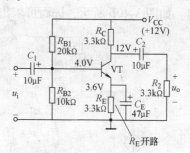

图 3-36　R_E 开路情况

5）当晶体管 B-E 短路时，晶体管截止，各管脚电位如图 3-37 所示。

6）当晶体管 B-C 短路时，晶体管各管脚电位如图 3-38 所示。

7）当晶体管 C-E 短路时，C 极与 E 极电压相等，晶体管截止，各管脚电位如图 3-39 所示。

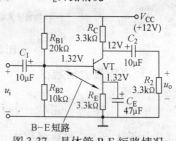

图 3-37　晶体管 B-E 短路情况

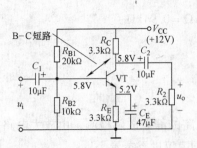

图 3-38　晶体管 B-C 短路情况

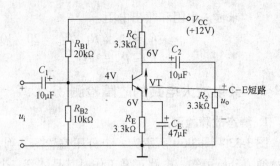

图 3-39　晶体管 C-E 短路情况

2. 分压式电压放大电路的交流性能检测

当放大电路的 Q 点正常后，电路中对交流性能有影响的主要就是三个电容。其检测方法是：用信号发生器给电路输入端加上交流信号，然后用示波器观察输出波形。若出现以下故障，则分析原因如下：

1）当 C_1 失效时，信号不能输入。

2）当 C_2 失效时，信号不能输出。

3）当 C_E 失效时，由于 R_E 产生交流负反馈，电压放大倍数会大大减小。

解决方法：可采用替代法，即将一只同容量的电容并联在电路中电容的两端，若有效果，则说明电路中的电容已失效。

3.2.4　其他组态的放大电路

前面所讨论的放大电路均为共射放大电路，实际上，放大电路中的晶体管还有共集接法和共基接法。通常把以上这三种接法称为三种基本组态。

1. 共集放大电路

（1）交流分析　图 3-40a 为一基本共集放大电路，根据电路的交流通路，绘出其微变等效电路，如图 3-40b 所示，进而可求出其交流性能参数。

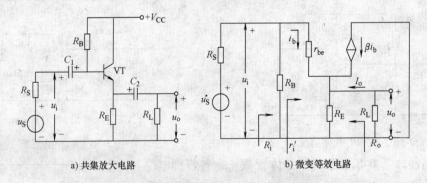

a) 共集放大电路　　　　　　b) 微变等效电路

图 3-40　共集放大电路及其微变等效电路

1）电压放大倍数：

$$A_u = \frac{u_o}{u_i} = \frac{(1+\beta)R'_L}{r_{be} + (1+\beta)R'_L} \approx \frac{\beta R'_L}{r_{be} + \beta R'_L} < 1$$

由于 $A_u \approx 1$，即共集放大电路的电压放大倍数接近于 1，且输出电压与输入电压同相，又称为射极输出器、射极跟随器或电压跟随器。

2）电流放大倍数：

$$A_i = -(1+\beta)$$

3）输入电阻 R_i：

$$R_i \approx R_B // \beta R'_L$$

射极输出器的输入电阻相对较大，即比共射基本放大电路的输入电阻要大得多，这是共集放大电路的特点之一。

4）输出电阻 R_o：

$$R_o = \frac{r_{be} + R'_S}{1+\beta} // R_E$$

共集放大电路的输出电阻相对较小，一般为几到几十欧。

（2）电路的特点与应用

1）特点：

① 电压放大倍数小于1，但约等于1，即电压跟随。

② 输入电阻较大。

③ 输出电阻较小。

2）应用：由于电路最突出的优点就是具有较高的输入电阻值和较低的输出电阻值，故电路常用作多级放大电路的第一级或最末级，也可用于中间隔离级。用作输入级时，其较高的输入电阻值可以减轻信号源的负担，提高放大电路的输入电压；用作输出级时，其较低的输出电阻值可以减小负载变化对输出电压的影响，并易于与低阻负载相匹配，向负载传送尽可能大的功率。

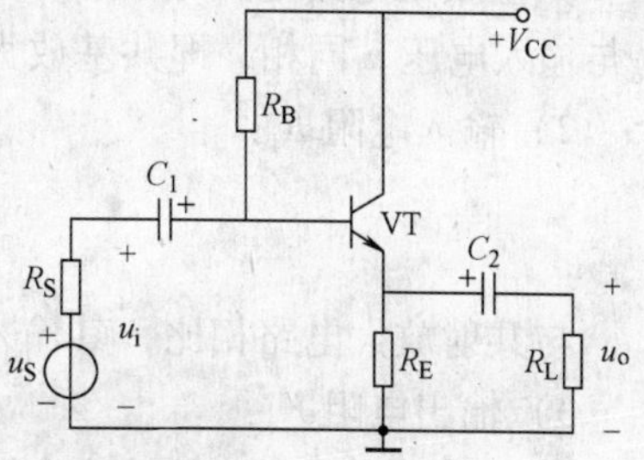

例 3-6　如图 3-41 所示电路，已知 $V_{CC} = 12V$，$R_B = 200k\Omega$，$R_E = 2k\Omega$，$R_L = 3k\Omega$，$R_S = 100\Omega$，$\beta = 50$，$r'_{bb} = 300\Omega$。试估算静态工作点，并求电压放大倍数、输入电阻和输出电阻。

图 3-41　例 3-6 电路

解：（1）用估算法计算静态工作点：

$$I_{BQ} = \frac{V_{CC} - U_{BEQ}}{R_B + (1+\beta)R_E} = \frac{12-0.7}{200+(1+50)\times 2}\text{mA}$$

$$\approx 0.0374\text{mA} = 37.4\mu\text{A}$$

$$I_{CQ} = \beta I_{BQ} = 50 \times 0.0374\text{mA} = 1.87\text{mA}$$

$$U_{CEQ} \approx U_{CC} - I_{CQ}R_E = (12 - 1.87\times 2)\text{V} = 8.26\text{V}$$

（2）求电压放大倍数 A_u、输入电阻 R_i 和输出电阻 R_o。

$$r_{be} = 300\Omega + (1+\beta)\frac{26\text{mV}}{I_{EQ}} = \left[300 + (1+50)\times\frac{26}{1.87}\right]\Omega \approx 1009\Omega \approx 1k\Omega$$

$$A_u = \frac{\dot{U}_o}{\dot{U}_i} = \frac{(1+\beta)R'_L}{r_{be}+(1+\beta)R'_L} = \frac{(1+50)\times 1.2}{1+(1+50)\times 1.2} \approx 0.98$$

式中，$R'_L = R_E // R_L = 2//3k\Omega = 1.2k\Omega$。

$$R_i = R_B // [r_{be}+(1+\beta)R'_L] = 200 // [1+(1+50)\times 1.2]k\Omega \approx 47.4k\Omega$$

$$R_o \approx \frac{r_{be} + R'_S}{\beta} = \frac{1000 + 100}{50}\Omega = 22\Omega$$

式中，$R'_S = R_B /\!/ R_S = 200 \times 10^3 /\!/ 100\Omega \approx 100\Omega$。

2. 共基放大电路

（1）交流分析　图3-42a 为一基本共基放大电路，根据电路的交流通路，绘出其微变等效电路，如图3-42b 所示，可以求出其交流性能参数。

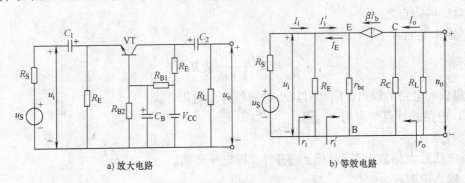

a) 放大电路　　　　　　　　　　　　　b) 等效电路

图3-42　共基放大电路及其微变等效电路

1）电压放大倍数：

$$A_u = \frac{\beta R'_L}{r_{be}}$$

共基放大电路电压增益在数值上与共射放大电路相同，但没有负号，说明其输出电压 u_o 与输入电压 u_i 同相，即共基放大电路为同相放大电路。

2）输入电阻 R_i：

$$R_i = R_E /\!/ \frac{r_{be}}{1+\beta} \approx \frac{r_{be}}{1+\beta}$$

与共射放大电路相比，其输入电阻减小到 $r_{be}/(1+\beta)$。

3）输出电阻 R_o：　　　　　　　　　　$R_o = R_C$

它与共射放大电路的输出电阻相同。

4）电流放大倍数：

$$A_i = \frac{I_C}{-I_E} = -\alpha \leqslant 1$$

α 是晶体管的共基电流放大系数，由于 α 小于1而近似等于1，所以共基放大电路没有电流放大作用。由于 α 又与 R'_L 基本无关，从这个意义上讲，共基放大电路又称为电流跟随器。

（2）电路特点

1）共基放大电路与共射放大电路一样，有电压放大能力，但输出电压和输入电压同相；输入电阻较共射放大电路小；输出电阻与共射放大电路相当。

2）共基放大电路的最大优点是频带宽，因而常用于无线电通信等方面。

小结：三种基本接法的比较

◆ 1）共射放大电路既能放大电流又能放大电压，输入电阻在三种电路中居中，输出电阻较大，频带较窄。常作为低频电压放大电路的单元电路。

◆ 2）共集放大电路只能放大电流不能放大电压，是三种电路中输入电阻最大、输出电阻最小的电路，并具有电压跟随的特点。常用于电压放大电路的输入级和输出级，在功率放大电路中也采用射级输出的形式。

◆ 3）共基放大电路只能放大电流，输入电阻小，电压放大倍数和输出电阻与共射放大电路相当，频带宽，其频率特性是三种电路中最好的。常用于宽频和高频放大电路。

3.2.5 多级放大电路

1. 多级放大电路的组成

在实际的电子设备中，为了得到足够大的增益或者考虑到输入电阻和输出电阻等特殊要求，放大器往往由多级组成。多级放大电路由输入级、中间级和输出级组成，如图 3-43 所示。其中，输入级与中间级的主要作用是实现电压放大，输出级的主要作用是功率放大，以推动负载工作。

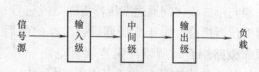

图 3-43　多级放大电路的组成框图

2. 多级放大电路的耦合方式

多级放大电路是由两级或两级以上的单级放大电路连接而成的。在多级放大电路中，把级与级之间的连接方式称为耦合方式。

一般常用的耦合方式有：阻容耦合、直接耦合、变压器耦合。

（1）阻容耦合　各级之间通过耦合电容及下级输入电阻连接，图 3-44 所示的电路就是阻容耦合放大电路，它通过电容 C_2 将第一级和第二级连接起来。

优点：各级静态工作点互不影响，可以单独调整到合适位置；这给放大电路的分析、设计和调试带来了很大的方便。此外，阻容耦合放大电路还具有体积小、重量轻等优点。

缺点：不能放大变化缓慢的信号和直流分量变化的信号；且由于需要大容量的耦合电容，因此不能在集成电路中采用。

（2）直接耦合　图 3-45 所示电路第一级的输出信号通过导线直接加到第二级的输入端，信号能顺利传递，属于直接耦合，但此时第一级和第二级的直流工作状态互相影响。

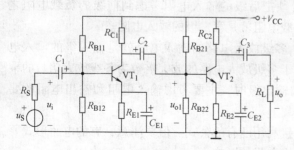

图 3-44　阻容耦合放大电路

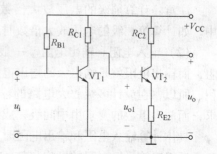

图 3-45　直接耦合放大电路

优点：既可以放大交流信号，也可以放大直流和变化非常缓慢的信号；电路简单，便于集成，在集成运放的内部，级间都是直接耦合。

缺点：存在着各级静态工作点相互牵制和零点漂移这两个问题。

零点漂移：放大电路在无输入信号的情况下，输出电压 u_o 却出现缓慢、不规则波动的现象。产生零点漂移的原因很多，其中最主要的是温度的影响。抑制零点漂移是制作高质量直接耦合放大电路的一个重要的问题。由于第一级的零漂影响最为严重，所以抑制零漂应着重在第一级解决。

常用的主要措施有：①采用高稳定度的稳压电源。②采用高质量的电阻、晶体管，其中晶体管选硅管（硅管的 I_{CBO} 比锗管的小）。③采用温度补偿电路。④采用差动式放大电路等。在上述这些措施中，采用差动放大电路是目前应用最广泛的能有效抑制零漂的方法。

（3）变压器耦合　图 3-46 所示电路的第一级与第二级之间通过变压器传递交流信号，属变压器耦合，由于变压器耦合电路的前后级靠磁路耦合，所以与阻容耦合电路一样，它的各级放大电路的静态工作点相互独立，便于分析、设计和调试。但它的低频特性差，不能放大变化缓慢的信号，且非常笨重，更不能集成化。与前两种耦合方式相比，其最大的特点是可以实现阻抗变换。

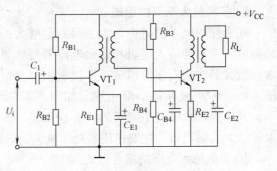

图 3-46　变压器耦合的放大电路

3. 多级放大电路的性能指标

（1）电压放大倍数　电压放大倍数为

$$A_u = \frac{U_o}{U_i}$$

由于 $U_{i2} = U_{o1}$、$U_{i3} = U_{o2}$、$U_o = U_{o3}$，则上式可写为

$$A_u = \frac{U_{o1}}{U_i} \times \frac{U_{o2}}{U_{i2}} \times \frac{U_{o3}}{U_{i3}} = A_{u1} A_{u2} A_{u3}$$

可以推广到 n 级放大器：

$$A_u = A_{u1} A_{u2} A_{u3} \cdots A_{un}$$

即总电压增益为各级增益的乘积。

注意：计算前级的电压放大倍数时，必须把后级的输入电阻考虑到前级的负载电阻之中。如计算第一级的电压放大倍数时，其负载电阻就是第二级的输入电阻。

（2）输入电阻和输出电阻　一般说来，多级放大电路的输入电阻就是输入级的输入电阻，而输出电阻就是输出级的输出电阻。由于多级放大电路的放大倍数为各级放大倍数的乘积，所以，在设计多级放大电路的输入级和输出级时，主要考虑输入电阻和输出电阻的要求，而放大倍数的要求由中间级完成。

具体计算输入电阻和输出电阻时，可直接利用已有的公式。但要注意，有的电路形式要考虑后级对输入级电阻的影响和前一级对输出电阻的影响。

（3）通频带　多级放大器的通频带为 $f_{BW} = f_H - f_L$，它比其中任何一级放大器的通频带都要窄，也就是说，把 n 级放大器串联起来以后，放大倍数虽然提高了，但牺牲了通频带，因此在多级放大器中，每一级放大器的通频带必须比总的通频带要宽。图 3-47a 分别是两个单级放大电路的通频带，图 3-47b 则表示耦合后的放大电路的通频带，从图中可看出，耦合后的放大电路的通频带变窄了。

3.2.6 设计案例

1. 固定偏置共射放大电路的设计案例（手工计算）

（1）晶体管的选择　晶体管是放大电路的核心器件，选择晶体管时要考虑以下几方面的因素：特征频率、集电极最大耗散功率、电流放大系数、反向击穿电压、稳定性及饱和压降等。通常选择 β 值较大的晶体管。但 β 太大会导致稳定性不好，一般 β 取值为 50～100。晶体管的截止频率 f_T 要高于其上限频率 f_H，一般取 $f_T > (2～3)$ f_H。选用 I_{CEO} 较小的晶体管，因其温度稳定性较好。同时，选择晶体管的功率时，应根据不同电路的要求留有一定的余量，使其满足 $P_{CM} > (1.5～2)P_{cmax}$。晶体管的反向击穿电压选择可以根据电路的电源电压来决定，即 $U_{CEO} > V_{CC}$。

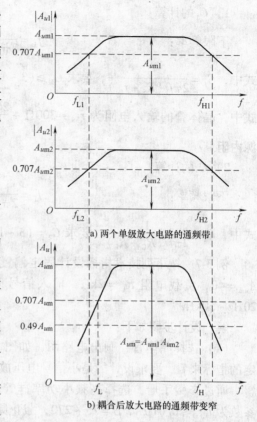

a) 两个单级放大电路的通频带

b) 耦合后放大电路的通频带变窄

图 3-47　多级放大电路的通频带

（2）静态工作点的选择和集电极电阻 R_C 的计算　参考图 3-10 所示的固定偏置的共射放大电路，在小信号作用下，工作点的选择主要取决于放大倍数。I_{CQ} 和 U_{CEQ} 的选择范围较宽，一般可取：

$$\begin{cases} I_{CQ} = 1～3\text{mA} \\ U_{CEQ} = 2～3\text{V} \\ r_{be} \approx 300\Omega + \dfrac{26\text{mV}}{I_{EQ}} \approx 300\Omega + \dfrac{26\text{mV}}{I_{CQ}} \end{cases} \qquad \begin{cases} |A_{um}| = \beta\dfrac{R'_L}{r_{be}} \\ R'_L = R_C /\!/ R_L \end{cases} \qquad \begin{cases} R'_L = \dfrac{|A_{um}| r_{be}}{\beta} \\ R'_C = \dfrac{R'_L R_L}{R_L - R'_L} \end{cases}$$

（3）偏置电阻的选择　对小信号固定偏置共射放大电路，工程上一般取 $I_{CQ} = 1～3\text{mA}$，其偏置电阻 R_B 计算值为

$$\begin{cases} I_{BQ} = \dfrac{I_{CQ}}{\beta} \\ I_{BQ} = \dfrac{V_{CC} - U_{BEQ}}{R_B} \\ R_B = \dfrac{V_{CC} - U_{BEQ}}{I_{BQ}} \end{cases}$$

（4）电容 C_1 和 C_2 的选择

1）C_1 的计算：

下限频率：
$$f_L = \frac{1}{2\pi(R_S + r_{be})C_1}$$

式中，$C_1 = \dfrac{1}{2\pi f_L(R_S + r_{be})}$，要求 $C_1 \geqslant (3 \sim 10)\dfrac{1}{2\pi f_L(R_S + r_{be})}$。

式中，晶体管的输入电阻为 $r_{be} \approx 300\Omega + \dfrac{26\text{mV}}{I_{EQ}}(1 + \beta)$，其中 I_{EQ} 的单位为 mA；R_S 为信号源内阻。

2）C_2 的计算：

下限频率：
$$f_L = \frac{1}{2\pi(R_C + R_L)C_2}$$

式中，$C_2 = \dfrac{1}{2\pi f_L(R_C + R_L)}$，要求 $C_2 = (3 \sim 10)\dfrac{1}{2\pi f_L(R_C + R_L)}$。

例 3-7　按下列技术指标设计固定偏置放大电路：电源电压 $V_{CC} = 12\text{V}$，电压放大倍数 $A_{um} = 40$，负载电阻 $R_L = 2\text{k}\Omega$，输入信号 $U_S = 10\text{mV}$，信号源内阻 $R_S = 200\Omega$，频带宽度 20Hz ~ 50kHz。

解： 设计步骤如下：

（1）选择晶体管　画出电路图，如图 3-48 所示。从给定的指标来看，要求设计的是小信号电压放大电路。

通过查阅手册，选择高频小功率硅管 3DG100M，技术参数为 $I_{CEO} \leqslant 0.01\mu\text{A}$，$\beta = 25 \sim 270$，截止频率 $f_T \geqslant 150\text{MHz}$，$P_{CM} = 100\text{mW}$，$I_{CM} = 20\text{mA}$，$U_{CBO} = 20\text{V}$，$U_{CEO} = 15\text{V}$。

（2）确定静态工作点并计算电阻 R_C 的值：

对于小信号电路，工程上一般可取

$$I_{CQ} = 1 \sim 3\text{mA}\quad 取\ I_{CQ} = 3\text{mA}$$
$$U_{CEQ} = 2 \sim 3\text{mA}\quad 取\ U_{CEQ} = 3\text{V}$$
$$r_{be} \approx 300 + \frac{26}{I_{CQ}}\beta$$

$\beta = 25 \sim 270$，取 $\beta = 50$，取 $I_{CQ} = 20\text{mA}$

$$I_{BQ} = \frac{I_{CQ}}{\beta} = 60\mu\text{A}$$

$$R_B = \frac{V_{CC} - U_{BE}}{I_{BQ}} = \frac{12 - 0.7}{60 \times 10^{-6}}\Omega \approx 188.33\text{k}\Omega$$

取标称值 $R_B = 180\text{k}\Omega$。

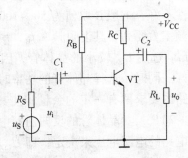

图 3-48　固定偏置共射放大电路

$$r_{be} \approx \left(300 + \frac{26}{3} \times 50\right)\Omega \approx 733\Omega$$

$$R_L' = \frac{|A_{um}|}{\beta}r_{be} = \frac{40 \times 0.733}{50}\text{k}\Omega \approx 0.59\text{k}\Omega$$

$$R_C = \frac{R_L'R_L}{R_L - R_L'} = \frac{0.59 \times 2}{2 - 0.59}\text{k}\Omega \approx 0.84\text{k}\Omega$$

取标称值 $R_C = 820\Omega$。

（3）检验技术指标：

1）放大倍数：

$$|A_{um}| = \frac{0.733}{0.2 + 0.733} \times 50 \times \frac{0.59}{0.733} \approx 31.6$$

为了保证 A_{um} 的要求，需加大 R'_L，重选 R_C 的标称值，取 $R_C = 1.5\text{k}\Omega$，则

$$R'_L = \frac{R_C R_L}{R_C + R_L} = \frac{1.5 \times 2}{1.5 + 2}\text{k}\Omega = 0.86\text{k}\Omega$$

$$|A_{um}| = \frac{0.733}{0.2 + 0.733} \times 50 \times \frac{0.86}{0.733} \approx 46.1$$

这时 $U_{CEQ} = V_{CC} - I_{CQ}R_C = (12 - 3 \times 1.5)\text{V} = 7.5\text{V}$。

2）最大输出电压：

$$U_o = A_{um}U_S = 46.1 \times 10\text{mV} = 461\text{mV} = 0.46\text{V}$$

$$U_{om} = \sqrt{2}U_o \approx 0.65\text{V} < U_{CEQ}$$

3）最大集电极电流：

$$U_{CEQ} - U_{om} = V_{CC} - I_{Cmax}R_C$$

$$I_{Cmax} = \frac{V_{CC} - U_{CEQ} + U_{om}}{R_C} = \frac{12 - 7.5 + 0.65}{1.5}\text{mA} \approx 3.43\text{mA} < I_{CM}$$

由于参数都符合设计要求，可以确定晶体管型号为 3DG100M，电阻 R_C 和 R_B 分别为 1.5kΩ、180kΩ。

（4）电容 C_1 和 C_2 的计算：

1）C_1 的计算：

$$C_1 = \frac{1}{2\pi f_L(R_S + r_{be})} = \frac{1}{2\pi \times 20 \times (200 + 733)}\text{F} = 8.5\mu\text{F}$$

取 C_1 为 20μF、25V 的电解电容。

2）C_2 的计算：

$$C_2 = \frac{1}{2\pi f_L(R_C + R_L)} = \frac{1}{2\pi \times 20 \times (1500 + 2000)}\text{F} = 2.3\mu\text{F}$$

取 C_2 为 10μF、25V 的电解电容。

2. 分压偏置共射放大电路的设计案例

分压偏置共射放大电路设计图如图 3-49 所示。

（1）晶体管的选择　分压偏置共射放大电路的稳定性比固定偏置电路好。晶体管的选择与固定偏置电路相同。

（2）确定工作点并计算 R_C　对小信号放大电路，R_C 的计算方法与固定偏置电路相同。

（3）偏置电阻 R_E、R_{B1}、R_{B2} 的计算

1）射极电阻 R_E 的计算。从电路热稳定性角度考虑，射极电阻 R_E 越大越好。但 R_E 过大会使射极电位过高，同时会使最大输出电压减小，对小信号电路，一般取

$$I_{CQ} = 1 \sim 3\text{mA}$$

$$U_{CEQ} = 2 \sim 3\text{V}$$

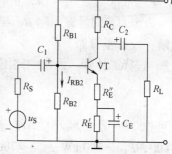

图 3-49　分压偏置共射放大电路

2）R_{B1} 和 R_{B2} 的计算。通常，电路要求是：

$$I_{RB} = (5 \sim 10)I_{BQ}$$

$$R_{B2} = (5 \sim 20)R_E$$

式中，I_{RB2} 为流过偏置电阻 R_{B2} 的静态电流。

选定 I_{RB2} 并计算出 R_E 后，由分压原理可得

$$R_{B1} = \frac{V_{CC} - V_B}{V_B} R_{B2}$$

（4）不接旁路电容的电阻 R''_E 的计算　根据输入电阻 $R_i = R_{B1} /\!/ R_{B2} /\!/ [r_{be} + (1+\beta)R''_E]$，故近似运算得

$$R_i \approx r_{be} + \beta R''_E$$

此时，$R''_E \approx \dfrac{R_i - r_{be}}{\beta}$。

（5）耦合电容 C_1、C_2 和旁路电容 C_E 的计算

1）C_1、C_2 的计算。在低频段时，由频率特性的下限频率 $f_L = \dfrac{1}{2\pi(R_S + r_{be})C_1}$ 可得

$$C_1 = \frac{1}{2\pi f_L(R_S + r_{be})}$$

通常，电容 C_1 的实际值取其理论值的 $3 \sim 10$ 倍，所以取

$$C_1 = (3 \sim 10)\frac{1}{2\pi f_L(R_S + r_{be})}$$

同理可得

$$C_2 = (3 \sim 10)\frac{1}{2\pi f_L(R_C + R_L)}$$

即电容 C_2 的实际值也取其理论值的 $3 \sim 10$ 倍。

2）C_E 的计算。由于分析较复杂，这里省略了推导过程，最后得到 C_E 的估算范围如下：

$$C_E \geqslant \frac{1+\beta}{2\pi f_L[R_S + r_{be} + (1+\beta)R''_E]}$$

若 $R''_E = 0$，则

$$C_E \geqslant \frac{1+\beta}{2\pi f_L(R_S + r_{be})}$$

例 3-8　按下列技术指标设计分压式电流负反馈偏置音频电压放大器：电源电压 $V_{CC} = 12V$，电压放大倍数 $A_u = 15$，负载电阻 $R_L = 5k\Omega$，最大输出电压（有效值）$U_o = 1V$，输入电阻 $R_i = 2.5k\Omega$，信号源电阻 $R_S = 0.2k\Omega$。

解：设计步骤如下：

1）选择晶体管。画出电路图，如图 3-49 所示。输出功率为

$$P_{omax} = \frac{U_o^2}{R_L} = \frac{1^2}{5}mW = 0.2mW$$

可选 NPN 型低频小功率硅管 3DX203B，其技术参数为 $I_{CBO} \leqslant 5\mu A$，$I_{CEO} \leqslant 20\mu A$，$\beta = 55 \sim 400$，$P_{CM} = 700mW$，$I_{CM} = 700mA$，$U_{(BR)CEO} \geqslant 25V$。

2）确定工作点，计算 R_C。

由于是大信号作用，故静态工作点设在交流负载线的中点，分析计算如下：

由
$$\begin{cases} U_{CEQ} = I_{CQ} R'_L \\ U_{CEQ} = V_{CC} - V_E - I_{CQ} R_C \\ U_o \leqslant \dfrac{U_{CEQ}}{\sqrt{2}} \text{（设静态工作点在交流负载线的中点）} \end{cases}$$

得
$$R_C \leqslant \left(\frac{V_{CC} - V_E}{\sqrt{2} U_O} - 2 \right) R_L$$

在工程上，如果是硅管，V_E 一般取 3 ~ 5V；如果是锗管，V_E 一般取 1 ~ 3V。取 $V_E = 3V$，则 $R_C \leqslant \left(\dfrac{12 - 3}{\sqrt{2} \times 1} - 2 \right) \times 5k\Omega \approx 21k\Omega$

取标称值 $R_C = 2k\Omega$，则

$$U_{CEQ} \geqslant \sqrt{2} U_o = \sqrt{2} \times 1V \approx 1.4V$$

取 $U_{CEQ} = 5V$，则

$$I_{CQ} = \frac{V_{CC} - V_E - U_{CEQ}}{R_C} = \frac{12 - 3 - 5}{2} mA = 2mA$$

取 $\beta = 60$，得

$$I_{BQ} = \frac{I_{CQ}}{\beta} \doteq \frac{2}{60} mA \approx 0.033mA = 33\mu A$$

3）计算电阻 R_E、R_{B1} 和 R_{B2}。

$$R_E \approx \frac{V_E}{I_{CQ}} = \frac{3}{2} k\Omega = 1.5k\Omega$$

取 $I_{RB2} = 5I_{BQ} = 5 \times 33\mu A = 165\mu A$。

取 $R_{B2} = 5R_E = 5 \times 1.5k\Omega = 7.5k\Omega$，取标称值 $R_{B2} = 10k\Omega$。

取 $V_B = 4V$，则

$$R_{B1} \approx \frac{V_{CC} - V_B}{V_B} R_{B2} = \frac{12 - 4}{4} \times 10k\Omega = 20k\Omega$$

4）没有射极旁路电容时的电阻 R''_E 和并联了旁路电容时的电阻 R'_E 的计算。

$$r_{be} \approx 300\Omega + \frac{26mV}{I_{CQ}} \beta = \left(300 + \frac{26}{2} \times 60 \right) \Omega = 1080\Omega = 1.08k\Omega$$

由 $\dfrac{1}{R_i} = \dfrac{1}{R_{B1}} + \dfrac{1}{R_{B2}} + \dfrac{1}{r_{be} + (1 + \beta) R''_E}$，即 $\dfrac{1}{2.5} = \dfrac{1}{20} + \dfrac{1}{10} + \dfrac{1}{1.08 + (1 + 60) R''_E}$，得

$R''_E = 0.05k\Omega$，取标称值 $R''_E = 51\Omega$，则

$$R'_E = R_E - R''_E = (1.5 - 0.051)k\Omega = 1.45k\Omega$$

取标称值 $R'_E = 1.5k\Omega$。

5）电容 C_1、C_2 和 C_E 的确定。

$C_1 = C_2 = 20\mu F$

取 $C_E \approx \beta C_1 = 60 \times 20\mu F = 1200\mu F$，耐压均为 10V。

6）检验晶体管和电路参数。

① 放大倍数的检验：

等效负载电阻：$R'_L = R_C /\!/ R_L = 2 /\!/ 2\text{k}\Omega = 1\text{k}\Omega$

电压放大倍数：

$$|A_{um}| = \frac{R_i}{R_i + R_S} \times \beta \times \frac{R'_L}{r_{be} + (1+\beta)R''_E}$$

$$= \frac{2.5}{2.5+0.2} \times 60 \times \frac{1}{1.08 + (1+60) \times 0.051} = 16$$

符合要求。

② 最大输出电压的检验：

当输出要求的最大电压幅值 $U_{om} = 1 \times \sqrt{2}\text{V} \approx 1.4\text{V}$ 时，动态范围为

$$u_{CEmax} = U_{CEQ} + U_{om} = (5+1.4)\text{V} = 6.4\text{V}$$

$$u_{CEmin} = U_{CEQ} - U_{om} = (5-1.4)\text{V} = 3.6\text{V}$$

由交流负载线方程得

$$i_{Cmax} = \frac{U_{CEQ} + I_{CQ}R'_L}{R'_L} - \frac{u_{CEmin}}{R'_L} = \left(\frac{5+2\times1}{1} - \frac{3.6}{1}\right)\text{mA} = 3.4\text{mA}$$

$$i_{Cmin} = \frac{U_{CEQ} + I_{CQ}R'_L}{R'_L} - \frac{u_{CEmax}}{R'_L} = \left(\frac{5+2\times1}{1} - \frac{6.4}{1}\right)\text{mA} = 0.6\text{mA}$$

饱和电流：

$$I_{CS} = \frac{V_{CC}}{R_E + R'_E + R''_E} = \frac{12}{2+1.5}\text{mA} = 3.4\text{mA}$$

说明动态范围在放大区，符合放大要求。

思考与练习

1. 图 3-50 所示的电路能否实现正常放大？

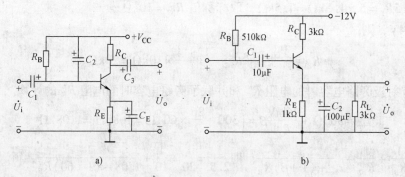

图 3-50　思考与练习 1 电路

2. 电路如图 3-51 所示，晶体管的 $\beta = 100$；$r_{bb'} = 100\Omega$。

(1) 求电路的 Q 点、A_u、R_i 和 R_o；

(2) 若电容 C_E 开路，则将引起电路的哪些动态参数发生变化？如何变化？

3. 一个放大电路的对数幅频特性如图 3-52 所示。由图可知，中频放大倍数 $|\dot{A}_{um}|$ = _____，f_L 为 _____，f_H 为 _____，当信号频率为 f_L 或 f_H 时，实际的电压增益为 _____。

4. 在图 3-53 所示电路中，由于电路参数不同，在信号源电压为正弦波时，测得输出波形如图 3-53b、c、d 所示，试说明电路分别产生了什么失真，如何消除？

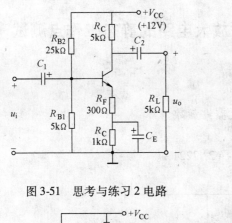

图 3-51　思考与练习 2 电路

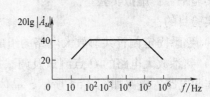

图 3-52　思考与练习 3 图

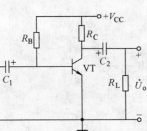

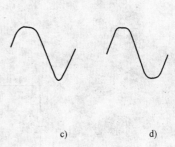

a)　　　　　　　　　　b)　　　　c)　　　　d)

图 3-53　思考与练习 4 图

技能训练 3-1　　固定偏置共射放大电路的静态工作点测试

实验平台：虚拟实验室。

实验目的：

1）熟悉固定偏置共射放大电路的组成及元器件参数。

2）熟悉放大电路的 Q 点测试及调试方法。

实验电路：电路如图 3-54 所示，晶体管选择 2N2221A。

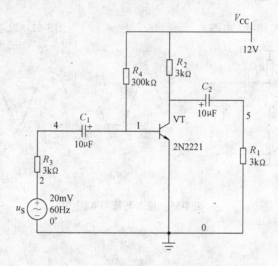

图 3-54　固定偏置共射放大电路的测试电路

实验仪器：

1）信号发生器，用于产生幅值为 20mV/60Hz 的正弦交流信号 u_i。

2）双踪示波器，用于观察输入电压与输出电压的波形。

3）数字万用表，用于测试电路的静态工作点电压。

实验步骤：

1）查看晶体管性能参数，其电流放大倍数为＿＿＿＿＿＿＿。

2）用万用表测出晶体管各极电位并计算电流。根据 $I_B = \dfrac{V_{CC} - U_{BE}}{R_B}$，$I_C = \dfrac{V_{CC} - U_{CE}}{R_C}$，

可得

$V_B =$ ＿＿＿＿＿＿＿　　$V_C =$ ＿＿＿＿＿＿＿　　$V_E =$ ＿＿＿＿＿＿＿

$I_{BQ} =$ ＿＿＿＿＿＿＿　　$I_{CQ} =$ ＿＿＿＿＿＿＿

3）判断晶体管工作在何种状态，如果不合适，应采取何种措施？

4）采用估算方法计算该电路的 Q 点值，并与测试值进行比较。

实验结论：

＿＿。

技能训练 3-2　固定偏置共射放大电路的交流性能测试

实训平台：虚拟实验室。

实验目的：

1）熟悉基本共射放大电路的组成及元器件参数。

2）熟悉放大电路的基本测试方法，熟悉放大电路的 Q 点测试，熟悉放大电路的放大倍数测试，能用扫频仪测试放大器的通频带。

实验电路：放大电路如图 3-54 所示。

实验仪器：

1）信号发生器，用于产生幅值为 $20\mathrm{mV}/60\mathrm{Hz}$ 的正弦交流信号 u_i。

2）双踪示波器，用于观察输入电压与输出电压的波形。

3）数字万用表，用于测试电路的静态工作点电压。

4）波特仪，用于测试放大电路的幅频特性。

实验步骤：

1）查看晶体管性能参数，其基极电阻 $r_{bb}' = $ _____。

2）调用万用表测出晶体管各极电位（断开电容 C_1、C_2）。

$$V_B = \underline{\hspace{2cm}} \qquad V_C = \underline{\hspace{2cm}} \qquad V_E = \underline{\hspace{2cm}}$$

3）用示波器观察输入及输出波形。

绘制输出波形，并判断是否变形。

判断输出波形与输入波形是否同步。

4）测试并填写下列各值：

$$U_i = \underline{\hspace{2cm}} \qquad U_o = \underline{\hspace{2cm}} \qquad 计算 A_u = \underline{\hspace{2cm}}$$

$$f_L = \underline{\hspace{2cm}} \qquad f_H = \underline{\hspace{2cm}} \qquad 计算 f_{BW} = \underline{\hspace{2cm}}$$

5）采用微变等效电路法计算该电路的放大倍数及输出电压，并与测试值进行比较。

$$A_u = \underline{\hspace{3cm}}$$

实验结论：_____。

技能训练 3-3　分压偏置共射放大电路的研究与测试

实验平台：虚拟实验室。

实验目的：

1）读图，并按要求正确搭建放大电路，查看器件手册。

2）了解放大电路中主要器件的作用及电路实现的功能。

3）掌握放大电路的 Q 点测试及放大倍数的测试方法。

4）掌握放大电路的静态估算方法及动态参数计算。

实验电路：分压偏置共射放大电路如图 3-55 所示。

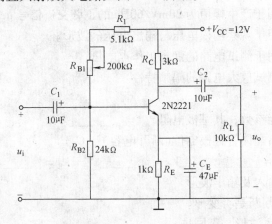

图 3-55　分压偏置共射放大电路

实验仪器：

1）信号发生器，用于产生幅值为 10mV/1kHz 的正弦交流信号 u_i。

2）双踪示波器，用于观察输入与输出波形。

3）数字万用表，用于测试电路的静态工作点。

实验步骤：

1）按图 3-55 所示电路选择元器件，设置参数、布局、连接电路，列出元器件清单。

查看晶体管性能参数，电流放大倍数为_____，基极电阻为_____。

2）调试静态工作点：使 $u_i = 0$，即断开电容 C_1、C_2 和 C_E，调节可调电阻 R_{B1}，使集电极电阻 R_C 两端的电压约为 6V，记下此时 R_{B1} 的值，$R_{B1} =$ _____，并用万用表测量 V_B、V_E、V_C 值，记入表 3-2 中。

表 3-2　电路的静态工作点测试值

静态值	V_B/V	V_C/V	V_E/V
测量值			
估算值	$V_B =$	$I_{CQ} =$	$U_{CEQ} =$

3）测试电压放大倍数，保持 R_{B1} 不变，连接电容。

① 将信号发生器接入电路，调节频率及其输出幅度旋钮，产生 $U_i \approx 10\text{mV}$、频率为 1kHz 的正弦信号（用示波器"Y1"通道显示并读出 U_i）。

② 用示波器 "Y2" 通道观察放大器输出电压 u_o 的波形。在波形不失真的条件下读出输出与输入电压幅值 U_{om}、U_{im} 的值，记入表 3-3 中。用双踪示波器观察 u_o 和 u_i 的相位关系。

表 3-3　电路的电压放大倍数测试值

静态值	U_{om}/V	U_{im}/V	A_u
测量值			
理论值	$A_u =$		

③ 若断开旁路电容 C_E，观察 u_o 的变化。

旁路电容的作用：_____。

④ 用双踪示波器观察并绘制 u_o 和 u_i 的波形，比较其相位关系。

4）观察并记录静态工作点对输出波形失真的影响。

① 逐渐减小 R_{B1}，观察输出波形的变化，记录波形变化的情况。

② 将 U_{im} 提高到 40mV，逐渐增大 R_{B1}，观察输出波形的变化，记录波形变化的情况。

③ 改变 R_C，当它由 10kΩ 减小为 3kΩ 时，观察电压放大倍数及输出波形的变化。

实验结论（参看分压偏置共射放大电路相关知识）：

_____。

技能训练 3-4 分压偏置共射放大电路板的测试

实验平台：电子技术实训室。

实验目的：

1）观察并测定电路参数对放大电路的静态工作点、放大倍数及输出波形的影响。

2）掌握测定放大器 Q 点的方法。

3）学会使用万用表和示波器测试放大电路的性能。

实验电路：

电路板一块，其上为分压偏置共射放大电路，电路原理图如图 3-56 所示。

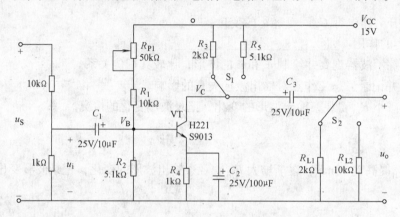

图 3-56 电路板的电路原理图

实验仪器：

示波器、直流稳压电源、万用表、电路板、连接导线。

实验步骤：

1）观察电路板电路，弄清电路结构及组成。

2）设置合适的静态工作点，具体步骤如下：

① 先将直流稳压电源的输出电压 V_{CC} 调至 15V，用万用表校准该电压值，然后关掉电源。

② 将 u_i 两端短接，选择 $R_3 = 2k\Omega$，把直流电源接至电路板 V_{CC} 处，接通电源，调节可调电阻 R_{P1}，使 V_C 约为 6V。

③ 用万用表测量 V_B、V_E、V_C 值，记入表 3-4 中。

表 3-4 电路的静态工作点测试值

静态值	V_B/V	V_C/V	V_E/V
测量值			
理论值	$V_B =$ $I_C =$	$U_{CE} =$	

3）测量电压放大倍数，具体步骤如下：

① 将信号发生器接入电路，使其输出频率为 1kHz 的正弦信号，调节其输出幅度旋钮，

使 $U_{im} \approx 20mV$（用示波器"Y1"通道显示并读出输入电压信号 U_{im}）。

② 用示波器 "Y2" 通道观察放大器输出电压 u_o 的波形。在波形不失真的条件下用交流毫伏表测量两种情况下的 U_{om}、U_{im} 的幅值，记入表 3-5 中，并用双踪示波器观察 u_o 和 u_i 的相位关系。

表 3-5　电路的电压放大倍数测试值

$R_C/k\Omega$	$R_L/k\Omega$	U_{om}/V	U_{im}/V	A_u
2	2			
2	2			
5.1	10			
5.1	10			

通过计算可得：$A_u =$ _____。

4）观察静态工作点对输出波形失真的影响：

① 逐渐减小 R_{P1}，观察输出波形的变化，记录波形变化的情况。

② 逐渐增大 R_{P1}，观察输出波形的变化，记录波形变化的情况。

③ R_C 由 2kΩ 变为 5kΩ（增大）时，观察电压放大倍数及输出波形的变化。

④ 观察 R_L 由 2kΩ 变为 10kΩ 时对放大电路的静态工作点、电压放大倍数及输出波形的影响。

⑤ 观察信号频率变化对放大电路的静态工作点、电压放大倍数及输出波形的影响，并测出放大器的通频带。

$$f_L = \text{_____} \qquad f_H = \text{_____} \qquad f_{BW} = \text{_____}$$

实验报告要求：

1）整理实验数据，列出表格。

2）总结 R_B、R_C 和 R_L 变化对静态工作点、放大倍数及输出波形的影响。

3）分析输出波形失真的原因，提出解决办法。

4）为了提高放大倍数 A_u，可采取哪些措施?

实验结论：

_____。

3.3　集成运放构成的信号运算电路

➢　集成运放的基本知识
➢　负反馈的应用
➢　模拟信号运算电路

3.3.1　集成运放的基本知识

1. 基本组成

集成运放的种类有很多，具体实现的电路也千差万别，但它们的基本结构都相类似，如图 3-57 所示，主要由四个部分组成。

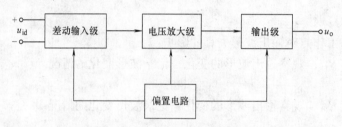

图 3-57　集成运放的组成框图

1）差动输入级：要求输入电阻高，能减小零点漂移和抑制干扰信号，都采用带恒流源的差动放大电路(差动电路及恒流源电路的结构及特点可参看集成电路内部电路介绍资料)。

2）中间级(电压放大级)：要求电压放大倍数高，常采用带恒流源的共射放大电路构成。

3）输出级：与负载相接，通常要求输出电阻低，带负载能力强，一般由互补对称电路或共集放大电路构成。

4）偏置电路：为各级电路提供合适的直流工作电流，一般由各种恒流源电路组成。

对于高性能、高准确度等特殊集成运放，还要增加有关的单元电路。例如：温度控制电路、温度补偿电路、内部补偿电路、过电流或过热保护电路、限流电路、稳压电路等。

2. 集成运放的符号及引脚

（1）集成运放的电路符号　图 3-58 为集成运放的常用电路符号。图 3-58a 是集成运放的国际流行符号，图 3-58b 是集成运放的国标符号，图 3-58c 是具有电源引脚的集成运放国际流行符号。

从集成运放的符号看，可以把它看作是一个双端输入、单端输出并且具有高差模放大倍数、高输入电阻、低输出电阻和抑制温度漂移能力的放大电路。

说明：集成电路的内部是很复杂的，应用时可将其看作一个元器件，重点掌握它的引脚的功能及其主要参数即可。

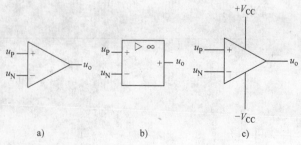

图 3-58　集成运放的常用电路符号

（2）集成运放的引脚使用

1）绘制原理图时，只需标出两个输入端和一个输出端，而将电源端、调零端、相位补偿端略去。必要时可标出所需说明的引出端，如调零端等。

2）在施工图中，必须将全部引出端和所连接的元器件、连接方式完整地表示出来，并在相应的引出端标出器件引脚的编号，在其电路符号内标出集成运放的型号和编号。

3）集成运放的引出端：集成运放通常有五类引出端，即两个输入端、一个输出端、电源端、调零端和相位补偿端。

图 3-59 为 BG305 集成运放用作反相放大器时的实际接线图。

3. 集成运放的性能指标、类型及选择

（1）集成运放的性能指标　集成运放的性能指标是评价运放性能优劣的依据。为了正确地挑选和使用集成运放，必须弄清各项指标参数的含义。

集成运放的主要性能指标参数，大体上可以分为输入误差特性、开环差模特性、共模特性、输出瞬态特性和电源特性。

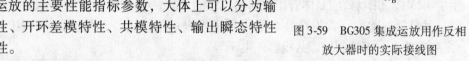

图 3-59　BG305 集成运放用作反相
放大器时的实际接线图

1）输入误差特性。输入误差特性参数用来表示集成运放的失调特性，描述这类特性的主要是以下几个参数：

① 输入失调电压 U_{IO}：由于差动输入级很难做到完全对称，所以通常输入为零时，输出并不为零。在室温及标准电压下，输入为零时，为了使输出电压为零，输入端所加的补偿电压称为输入失调电压 U_{IO}。U_{IO} 的大小反映了运放的对称程度，U_{IO} 越大，说明对称程度越差。一般 U_{IO} 的值为 $1\mu V \sim 20mV$，F007 的 U_{IO} 为 $1 \sim 5mV$。

② 输入失调电压温漂 $\dfrac{dU_{IO}}{dT}$：是指在指定的温度范围内，U_{IO} 随温度的平均变化率，是衡量温漂的重要指标。$\dfrac{dU_{IO}}{dT}$ 不能通过外接调零装置进行补偿，对于低漂移运放，$\dfrac{dU_{IO}}{dT} < 1\mu V/℃$，普通运放为 $10 \sim 20\mu V/℃$。

③ 输入偏置电流 I_{IB}：是衡量差动管输入电流绝对值大小的标志，是指当运放零输入时，两个输入端静态电流 I_{B1}、I_{B2} 的平均值，即 $I_{IB} = \dfrac{1}{2}(I_{B1} + I_{B2})$。

差动输入级集电极电流　定时，输入偏置电流 I_{IB} 反映了差动管 β 值的大小。I_{IB} 越小，表明运放的输入阻抗越高。若 I_{IB} 太大，不仅在信号源内阻不同时对静态工作点有较大的影响，而且也影响温漂和运算准确度。

④ 输入失调电流 I_{IO}：是指当输入电压为零时，两个输入端输入偏置电流 I_{B1}、I_{B2} 的偏差，即 $I_{IO} = |I_{B1} - I_{B2}|$。$I_{IO}$ 反映了输入级差动管输入电流的对称性，一般希望 I_{IO} 越小越好。普通运放的 I_{IO} 为 $1 \sim 100nA$，F007 的为 $50 \sim 100nA$。

⑤ 输入失调电流温漂 $\dfrac{dI_{IO}}{dT}$：是指在规定的温度范围内 I_{IO} 的温度系数。$\dfrac{dI_{IO}}{dT}$ 是对放大器电

流温漂的量度，它同样不能用外接调零装置进行补偿，典型值为几纳安每摄氏度。

　　2）开环差模特性参数。开环差模特性参数被用来表示集成运放在差模输入作用下的传输特性。主要有开环差模电压增益、最大差模输入电压、差模输入阻抗、3dB 带宽。

　　① 开环差模电压增益 A_{od}：指在无外加反馈情况下的直流差模增益，它是决定运算准确度的重要指标，通常用分贝表示，即 $A_{od} = 20\lg\left|\dfrac{\Delta U_O}{\Delta U_- - \Delta U_+}\right|$。不同功能的运放，$A_{od}$ 相差悬殊，F007 的为 $100\sim106\text{dB}$，高质量的运放可达 140dB。

　　② 最大差模输入电压 U_{Idm}：指集成运放反相和同相输入端所能承受的最大差模电压值超过这个值，差动输入级的管子将会出现反相击穿，甚至损坏。利用平面工艺制成的硅 NPN 型管的 U_{Idm} 为 5V 左右，而横向 PNP 型管的 U_{Idm} 可达 30V 以上。

　　③ 3dB 带宽 f_H：使 A_{od} 下降 3dB 时所对应的信号频率。一般运放的 3dB 带宽 f_H 为几赫至几千赫，宽带运放的 f_H 可达到几兆赫。

　　④ 差模输入电阻 r_{id}：衡量差动输入级向信号源索取电流大小的标志，$r_{id} = \dfrac{\Delta U_{Id}}{\Delta I_{Id}}$。F007 的 r_{id} 约为 2MΩ，用场效应晶体管作差动输入级的运放，r_{id} 可达兆欧（MΩ）级。

　　3）共模特性参数。共模特性参数则是用来表示集成运放在共模信号作用下的传输特性，主要参数有共模抑制比、共模输入电压等。

　　① 共模抑制比 K_{CMR}。共模抑制比 $K_{CMR} = 20\lg\left|\dfrac{A_{od}}{A_{oc}}\right|$，用于反映运放对差模信号的放大能力及对共模信号的抑制能力。F007 的 K_{CMR} 为 $80\sim86\text{dB}$，高质量的可达到 180dB。

　　② 最大共模输入电压 U_{Icm}：是指运放所能承受的最大共模输入电压，当共模电压超过一定值时，将会使差动输入级工作不正常，因此必须加以限制。F007 的 U_{Icm} 为 13V。

　　4）输出瞬态特性参数。输出瞬态特性参数用来表示集成运放输出信号的瞬态特性，主要参数是转换速率。

　　转换速率 S_R 是指运放在闭环状态下，输入为大信号（如阶跃信号）时，输出电压的最大变化速率。转换速率的大小与很多因素有关，其中主要与运放所加的补偿电容、运放本身各级晶体管的极间电容、杂散电容，以及运放的充电电流等因素有关。只有当信号变化率的绝对值小于 S_R 时，输出才能按照线性规律变化。

　　S_R 是在大信号和高频工作时的一项重要指标，一般运放的 S_R 为 $1\text{V}/\mu\text{s}$，高速运放可达到 $65\text{V}/\mu\text{s}$。

　　5）电源特性参数。电源特性参数主要有静态功耗等。静态功耗指运放输入为零时的功耗。F007 的静态功耗为 120mW。

　　（2）集成运放的类型

　　1）通用型集成运放。通用型集成运放是指那些在一般情况下应用范围较广、产品数量较多、价格较便宜的集成放大电路。根据增益高低可分为：

　　① 低增益（开环电压增益在 $60\sim80\text{dB}$）的通用 I 型。

　　② 中增益（开环电压增益在 $80\sim100\text{dB}$）的通用 II 型。

　　③ 高增益（开环电压增益大于 100dB）的通用 III 型等。

　　2）专用型集成运放。专用型集成运放是指某一方面的性能参数很优良，用以满足某些专门要求的集成运算放大器。下面分别介绍其中几种：

① 低功耗型：一般集成运放的静态功耗在 50mW 以上，而低功耗型集成运放的静态功耗在 5mW 以下，在 1mW 以下者称为微功耗型。低功耗型一般在便携式仪器或产品、航空航天仪器中应用。

② 高阻型：输入电阻为 10MΩ 以上的集成放大器定为高阻型放大器。为了获得高输入电阻，通常在集成放大器的输入级采用超 B 管或场效应晶体管等来实现。对于国外高输入阻抗运放，其输入阻抗均在 1000GΩ 以上，如 μA740、μPC152、8007 等。国内产品 5G28 的输入阻抗大于 10GΩ，F3103 的输入阻抗可达到 1000GΩ。

③ 高准确度型：所谓高准确度集成放大器实际上就是低失调、低漂移、低噪声、高增益、高共模抑制比的放大器。为获得高准确度放大器，可采用斩波稳零技术，也可对集成放大器的输入级进行专门设计，使其准确度提高。

④ 高速型：高速型集成运放具有快速跟踪输入信号电压的能力，常用摆率大小来衡量（5V/μs 以上），其转换速率通常比通用型集成运放的转换速率高 10 ~ 100 倍。主要产品有 F715、F722、4E321、F318、μA207 等。其中，国产的 F715 的转换速率达到 100V/μs，F318 的转换速率达到 70V/μs，国外的 μA207 的转换速率达到 500V/μs，个别产品已达到 1000V/μs。

⑤ 高压型：工作电源电压越高，输出电压的动态范围越宽。一般电源电压在 ±20V 以上者称为高压型集成运放。如高压型集成芯片 BB3580J，其电源电压可达到 ±150V，最大输出电压可达到 ±145V。

国内高压运放有 F1536、BG315、F143 等。

⑥ 低噪声型：在对微弱信号进行放大时，集成运放的噪声特性就是一项重要特性参数。一般等效输入电压在 2μV 以下者为低噪声型。这类产品有 F5037、XFC88 等。

（3）集成运放的选择

1）选择集成运放的方法。根据集成运放的分类及国内外常用集成运放的型号，查阅集成运放的性能和参数，选择合适的集成运放。

2）选择集成运放应考虑的其他因素。首先考虑尽量采用通用型集成运放，因为它们容易买到，价格较低，只有在通用型集成运放不能满足要求时，才去选择特殊型的集成运放，此时应考虑以下因素：

① 信号源的性质：是电压源还是电流源、源阻抗大小、输入信号幅度及其变化范围、信号频率范围。

② 负载的性质：是纯电阻负载还是电抗负载、负载阻抗大小、需要集成运放输出的电压和电流的大小。

③ 对准确度的要求：对集成运放准确度要求恰当，过低则不能满足要求，过高将增加成本。

④ 环境条件：选择集成运放时，必须考虑到工作温度范围，工作电压范围，功耗与体积限制及噪声源的影响等因素。

4. 集成运放的应用

（1）集成运放的理想化　在分析集成运放构成的应用电路时，将集成运放看成理想运放，可以使分析大大简化。

理想集成运放的性能指标：

1）开环差模电压增益为无限大，即 $A_{od} = \infty$。

2）差模输入电阻为无限大，即 $r_{id} = \infty$。

3）差模输出电阻为零，即 $r_o = 0$。

4）共模抑制比为无限大，即 $K_{CMR} = \infty$。

5）转换速率为无限大，即 $S_R = \infty$。

6）具有无限宽的频带。

7）失调电压、失调电流及其它们的温漂均为零。

8）干扰和噪声均为零。

说明：尽管理想运放并不存在，但由于实际集成运放的技术指标比较理想，在具体分析时将其理想化通常是允许的，这种分析计算所带来的误差一般不大，只是在需要对运算结果进行误差分析时才予以考虑，本书除特别指出外，均按理想集成运放对待。

（2）集成运放的线性应用和非线性应用　在分析集成运放应用电路时，还必须了解集成运放是工作在线性区还是非线性区，只有这样，才能按照运放在不同区域所具有的特点与规律进行分析。

根据图 3-60 所示的集成运放的传输特性可知，集成运放的工作区可分为线性工作区和非线性工作区。

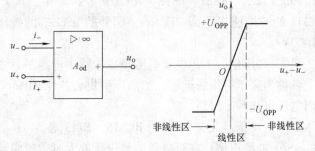

1）集成运放的线性工作特征。集成运放在线性放大区工作时，输出与输入满足线性关系，有 $u_o = A_{od}(u_+ - $

图 3-60　集成运放的电流、电压表示及传输特性

$u_-)$，由于 $A_{od} = \infty$，使得 $(u_+ - u_-) = \dfrac{u_o}{A_{od}} = 0$，故 $u_+ = u_-$。又由于 $r_{id} = \infty$，故 $i_+ = i_- = 0$。

此时，运放的两个输入端处于一种特殊状态：

① 虚断。即理想运放两个输入端的输入电流为零，$i_+ = i_- = 0$。

② 虚短。即理想运放两个输入端的电位相等，$u_+ = u_-$。

集成运放工作在线性区时，可进行各种信号运算如加、减、乘、除、微积分等运算以及滤波信号处理等。

说明：集成运放在线性应用时需引入负反馈。

2）集成运放的非线性工作特征。集成运放在非线性区时，输出只有两种状况：

当 $u_+ > u_-$ 时，$u_o = +U_{OPP}$；当 $u_+ < u_-$ 时，$u_o = -U_{OPP}$，此时输入端的输入电流也等于零，$i_+ = i_- = 0$。

集成运放工作在非线性区时，可构成比较器、各种波形发生器等。

说明：集成运放在非线性应用时，需开环或引入正反馈。

5. 集成运放使用注意问题

在使用集成运放构成各种应用电路时，通常通过查阅手册得到各项参数。对于使用中出现的异常现象，要能够分析和排除；集成运放是多级放大器，具有极高的电压放大倍数，因而极易产生自激振荡，需外接补偿电路以消除振荡；此外，还需外接调零电路，以便在输入信号为零时将输出电压调整为零。常用的几种型号的运放都是采用内补偿，不需外接补偿电路，如 F007、LM358 等。集成运放使用时需要注意以下几个问题：

1）输入信号：选用交、直流量均可，但在选取信号的频率和幅度时，应考虑运放的频响特性和输出幅度的限制。

2）调零：为提高运算准确度，在运算前，应首先对输出直流电位进行调零，即保证输入为零时，输出也为零。当运放有外接调零端子时，可按组件要求接入调零电位器，调零时，将输入端接地，细心调节调零电位器，用直流电压表测量输出电压 U_o，使 U_o 为零。

3）自激及消振：由于集成运放是一个多极点高增益放大器，且一般都工作在闭环状态，所以在实际应用中有时会出现自激振荡，使运放不能正常工作。为了使运放电路能稳定地工作，除了需要加强电源滤波效果、合理安排印制电路板走线、合理接地以外，还要考虑闭环应用造成的不稳定现象，这是运放电路应用时必须研究的重要问题之一。

一个集成运放自激时，表现为即使输入信号为零，亦会有输出，使各种运算功能无法实现，严重时还会损坏器件。在实验中，可用示波器监视输出波形。为消除运放的自激，常采用如下措施进行消振：

① 若运放有相位补偿端子，可利用外接 RC 补偿电路，产品手册中有补偿电路及元器件参数提供。

② 电路布线、元器件布局应尽量减少分布电容。图 3-61 所示为集成运放的自激消除电路，其中在正、负电源进线处与地连接的并联电容组（几十微法的电解电容和 $0.01 \sim 0.1\mu F$ 的陶瓷电容），用于减小电源引线的影响。

4）集成运放的保护：

① 输入保护。为防止共模信号或差模信号过高而影响集成运放正常工作或造成损坏，可在两个输入端加保护二极管，用于同相输入时对共模信号过大的限幅保护，或用于反相输入时对差模信号过大的限幅保护，如图 3-62 所示。

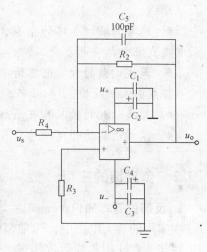

图 3-61　集成运放的自激消除电路

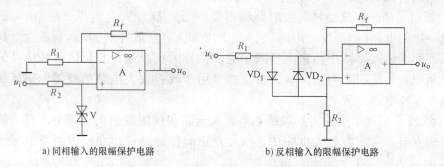

a) 同相输入的限幅保护电路　　　　b) 反相输入的限幅保护电路

图 3-62　集成运放的输入保护电路

② 输出保护：图 3-63 所示电路利用稳压管 V 将输出电压限制在稳压管的正、负稳压值范围内，以免后级电路的高电压"袭击"集成运放的内部器件。

③ 电源极性保护：如图 3-64 所示，当电源极性接对时，二极管 VD$_1$、VD$_2$ 基本不影响集成运放的工作。而一旦电源极性接反了，此时串联的二极管便会截止，从而隔离了电，以免造成集成运放的损坏。

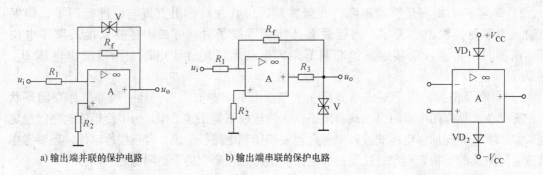

a) 输出端并联的保护电路　　　　　　b) 输出端串联的保护电路

图 3-63　集成运放的输出保护电路　　　　　　图 3-64　集成运放的电源极性保护电路

小结：

◆　通常为减少电路的杂乱，习惯上不用绘制运放的电源等其他引脚。但集成运放需要直流电源供电才能工作。

◆　集成运放的外围电路简单，若是线性应用，需引入负反馈；若是非线性应用，需开环或引入正反馈。

◆　集成运放的输入具有高阻抗特性，它们对接入的电路几乎没有影响。

◆　集成运放的开环增益非常大。

3.3.2　负反馈的应用

1. 反馈的基本知识

在实用的放大电路中，通常都会引入各种各样的反馈电路，以改善放大电路某些方面的性能。在使用集成运放构成各种应用电路时，也要引入各种反馈，因此掌握反馈的基本概念及判断方法是研究实用电路的基础。

（1）反馈的概念　凡是将放大电路输出量（电压或电流、直流或交流）的一部分或全部，通过一定的电路（称为反馈电路）以一定的方式（串联或并联）反送到放大电路的输入电路，从而使净输入量减小，输出量减小的反馈称为负反馈；若反馈信号使净输入量增大，输出量增大的反馈称为正反馈。负反馈多用于改善放大电路的性能，正反馈多用于振荡电路和脉冲电路。

图 3-65 所示的反馈电路主要包括基本放大电路和反馈网络两大部分。图中箭头表示信号的传递方向。在基本放大电路中，信号是正向传递的；而在反馈网络中，信号是反向传递的。

（2）反馈的基本关系式　定义：$\dot{A} = \dfrac{\dot{X}_o}{\dot{X}_i}$ 叫做开环放大倍数；$\dot{F} = \dfrac{\dot{X}_f}{\dot{X}_o}$ 叫做反馈系数；$\dot{A}_f = \dfrac{\dot{X}_o}{\dot{X}_i}$

叫做闭环放大倍数。

因为 $\dot{X}_i = \dot{X}'_i + \dot{X}_f = \dot{X}'_i + \dot{F}\dot{A}\dot{X}'_i$，所以

$$\dot{A}'_f = \frac{\dot{X}_o}{\dot{X}_i} = \frac{\dot{A}}{1 + \dot{F}\dot{A}}$$

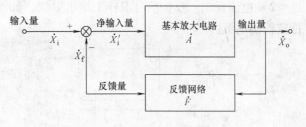

图 3-65　反馈电路的组成框图

该式为负反馈放大器放大倍数（即闭环放大倍数）的一般表达式，又称为基本关系式，它反映了闭环放大倍数与开环放大倍数及反馈系数之间的关系，在以后的分析中经常使用。

（3）反馈极性的判定　反馈极性的判定多用瞬时极性法，其步骤如下：

1）首先假定基本放大器输入信号为某一瞬时极性（一般设为对地为正的极性）。

2）根据各级输入、输出之间的相位关系（对分立元件放大器：共射反相，共集、共基同相；对集成运放：$\dot{U}_o$ 与 $\dot{U}_-$ 反相，$\dot{U}_o$ 与 $\dot{U}_+$ 同相），确定输出信号和反馈信号的瞬时极性。

3）根据反馈信号与输入信号的连接情况，分析净输入量的变化，如果反馈信号使净输入量增强，即为正反馈，反之为负反馈。

动手试试：判断图 3-66 所示各电路有无反馈及其极性。

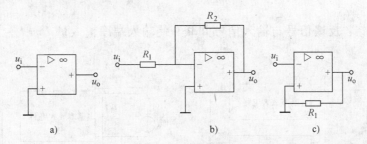

图 3-66　反馈极性判断练习电路

（4）直流负反馈与交流负反馈　负反馈按反馈信号的成分可分为直流负反馈和交流负反馈。

1）直流负反馈：若反馈环路内只有直流分量可以流通，则该反馈环产生直流反馈。直流负反馈主要用于稳定静态工作点。

2）交流负反馈：若反馈环路内只有交流分量可以流通，则该反馈环产生交流反馈。交流负反馈主要用来改善放大器的性能；而交流正反馈主要用来产生振荡。

若反馈环路内直流分量和交流分量均可以流通，则该反馈环既可以产生直流反馈，又可以产生交流反馈。

2. 交流负反馈的类型及其判定

交流负反馈的类型共有四种，分别为电压串联负反馈、电流串联负反馈、电压并联负反馈、电流并联负反馈。

（1）按对输出端的取样信号分类

1）电压反馈：反馈信号的取样对象是输出电压，如图 3-67a 所示。电压反馈的重要特性是能稳定输出电压。

2）电流反馈：反馈信号取样于输出电流，如图 3-67b 所示。电流反馈的重要特点是能稳定输出电流。

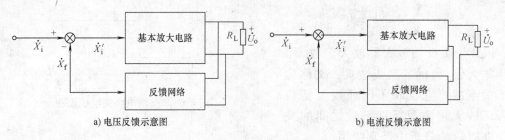

a) 电压反馈示意图　　　　　　　　　　　　　　b) 电流反馈示意图

图 3-67　电压反馈与电流反馈示意图

电压反馈和电流反馈的判定：

判定方法之一：输出短路法。将输出端短路，若反馈信号消失，则为电压反馈；若反馈信号仍然存在，则为电流反馈。

判定方法之二：按电路结构判定。除公共端外，若反馈取自输出端，则为电压反馈；若反馈取自非输出端，则为电流反馈。

（2）按输入信号与反馈信号的比较形式分类

1）串联反馈：反馈信号与输入信号在输入回路中串联。使输入端净输入量 $\dot{U}'_i = \dot{U}_i - \dot{U}_f$，如图 3-68a 所示。

2）并联反馈：反馈信号与输入信号并联。使输入端净输入量 $\dot{I}'_i = \dot{I}_i - \dot{I}_f$，如图 3-68b 所示。

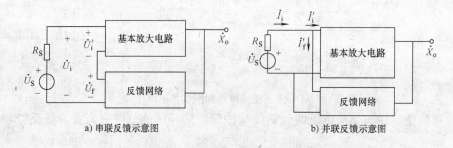

a) 串联反馈示意图　　　　　　　　　　　　　　b) 并联反馈示意图

图 3-68　串联与并联反馈示意图

串联与并联负反馈会影响放大器的输入电阻。

串联负反馈和并联负反馈的判定：对于交变分量而言，若信号源的输出端和反馈网络的比较端接于同一个放大器件的同一个电极上，则为并联反馈；否则，为串联反馈。

动手试试：试判断图 3-69 所示各电路的反馈类型。

3. 交流负反馈对放大电路性能的影响

1）使放大器的放大倍数下降。根据负反馈的定义可知，负反馈总是使净输入信号减弱。所以，对于负反馈放大器而言，必有 $\dot{X}_i > \dot{X}'_i$，所以 $\dfrac{\dot{X}_o}{\dot{X}_i} < \dfrac{\dot{X}_o}{\dot{X}'_i}$，即 $\dot{A}_f < \dot{A}$。

由 $\dot{A}_f = \dfrac{\dot{A}}{1 + \dot{F}\dot{A}}$ 可知，闭环放大倍数 $\dot{A}_f$ 仅是开环放大倍数 $\dot{A}$ 的 $(1 + \dot{F}\dot{A})$ 分之一。当环路增益 $|\dot{A}\dot{F}| \gg 1$ 时，称为深度负反馈，此时 $|\dot{A}_f| \approx 1/|\dot{F}|$。也就是说，深度负反馈下的放大器，

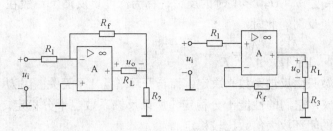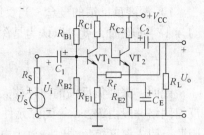

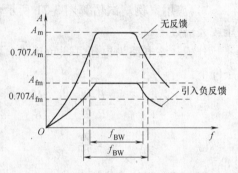

图 3-69　反馈电路类型判断

其闭环增益基本由反馈网络的反馈系数 F 所决定。

2）提高电路工作的稳定性，稳定被取样的输出信号（详细说明可参阅相关资料）。例如，直流负反馈可稳定电路的静态工作点；交流负反馈可稳定电路的增益，对应的输出量也会得到稳定；电压负反馈可使输出电压的稳定性大大提高；电流负反馈能稳定输出电流；

3）使放大倍数的稳定性提高（详细说明可参阅相关资料）。

4）可以展宽通频带。引入负反馈可展宽电路的频带宽度，如图 3-70 所示。

5）对输入电阻的影响：串联负反馈使输入电阻提高，并联负反馈使输入电阻减小。

6）对输出电阻的影响：电压负反馈使输出电阻减小，电流负反馈使输出电阻增大。

7）减小非线性失真和抑制干扰、噪声（详细说明可参阅相关资料）。

4. 负反馈的应用指南

1）为了稳定静态工作点，应引入直流负反馈；为了改善电路的动态性能，应引入交流负反馈。

图 3-70　无反馈与有反馈的电路频率特性比较示意图

2）根据信号源的性质决定引入串联负反馈或者并联负反馈。当信号源为恒压源或内阻较小的电压源时，为增大放大电路的输入电阻，应引入串联负反馈。当信号源为恒流源或内阻较大的电压源时，为减小放大电路的输入电阻，使电路获得更大的输入电流，应引入并联负反馈。

3）根据负载对放大电路输出量的要求决定引入电压负反馈或电流负反馈。当负载需要稳定的电压信号时，应引入电压负反馈；当负载需要稳定的电流信号时，应引入电流负反馈。

5. 负反馈放大电路分析

（1）微变等效电路分析法　把反馈放大电路中的非线性器件用线性电路等效，然后根据电路理论来求解各项指标，其求解过程可借助计算机实现。

（2）分离法　把负反馈放大电路分离成基本放大器和反馈网络两部分，分别求出基本放大电路的各项指标和反馈网络的反馈系数 F，再估算出闭环电压放大倍数 A_f、R_{if}、R_{of}、f_{BW} 等。

（3）深度负反馈放大器的放大倍数估算

1）深度负反馈的概念。当反馈深度 $|1 + \dot{A}\dot{F}| \gg 1$ 时的反馈，称为深度负反馈。一般在 $|1 + \dot{A}\dot{F}| \geqslant 10$ 时，就可以认为是深度负反馈。此时

$$\dot{A}_f = \frac{\dot{A}}{1 + \dot{A}\dot{F}} \approx \frac{\dot{A}}{\dot{A}\dot{F}} = \frac{1}{\dot{F}}$$

说明：深度负反馈的闭环放大倍数只由反馈系数来决定，而与开环增益几乎无关。因为反馈网络一般由 R、C 等无源元件组成，它们的性能十分稳定，所以反馈系数也十分稳定。因此，引入深度负反馈时，放大电路的闭环放大倍数比较稳定。

2）估算依据。对于深度负反馈放大电路来说，因为 $\dot{A}\dot{F} \gg 1$，所以有 $\dot{A}_f \approx \frac{1}{\dot{F}}$，把 $\dot{A}_f = \dot{X}_o / \dot{X}_i$，$\dot{F} = \dot{X}_f / \dot{X}_o$ 代入即得 $\frac{\dot{X}_o}{\dot{X}_i} \approx \frac{\dot{X}_o}{\dot{X}_f}$

对于串联负反馈，有 $\dot{U}_i \approx \dot{U}_f$；对于并联负反馈，有 $\dot{I}_i \approx \dot{I}_f$。

说明：根据负反馈组态，选择适当的公式；再根据放大电路的实际情况，列出关系式后，直接估算闭环电压放大倍数。

3）应用案例。试估算图 3-71 所示电路的闭环电压放大倍数。

分析：该电路为电压并联负反馈，在深度负反馈条件下：$\dot{I}_i \approx \dot{I}_f$

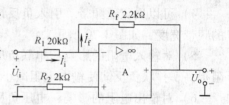

图 3-71　深度负反馈运放的电路示意图

且　　　　$I_i = \dfrac{\dot{U}_i}{R_1}$，$\dot{I}_f = -\dfrac{\dot{U}_o}{R_f}$

得　　　　$-\dfrac{\dot{U}_o}{R_f} = \dfrac{\dot{U}_i}{R_1}$

则闭环电压放大倍数为

$$\dot{A}_{uf} = \frac{\dot{U}_o}{\dot{U}_i} \approx -\frac{R_f}{R_1} = -\frac{2.2}{20} = -0.11$$

6. 自激振荡

虽然增加负反馈放大器的反馈深度可以更加改善放大器的性能，但是若反馈太深，可能会导致放大器工作的不稳定。原因是放大器的放大倍数 $\dot{A}$ 以及反馈网络的反馈系数 $\dot{F}$ 都是有一定的频率特性的，反馈过深可能会导致在某些频率范围产生自激振荡。

（1）自激振荡的条件　产生自激振荡的条件为负反馈变为正反馈、反馈信号要足够大。公式 $1 + \dot{A}\dot{F} = 0$ 可写成　　　　　　　$\dot{A}\dot{F} = -1$

它包含幅值和相位两个条件：

$$\begin{cases} |\dot{A}\dot{F}| = 1 \\ \arctan \dot{A}\dot{F} = \pm(2n+1)\pi \ (n \text{ 为整数}) \end{cases}$$

以上两个条件都具备时，放大电路就将产生自激振荡。电路一旦发生自激振荡，就意味着它失去了控制，也就无法再实现正常的放大作用。自激振荡的频率来源：电路开机激励、外来干扰或者热噪声。

通常，放大电路级数越多，引入负反馈后，越容易产生高频振荡。放大电路中耦合电

容、旁路电容等越多，引入负反馈后，越容易产生低频振荡。而且反馈越深，满足幅值条件的可能性越大，产生自激振荡的可能性就越大。

为了避免在放大器中产生自激振荡，一般不应该使反馈放大器中的放大器级数超过三级。当级数超过三级时，就要限制反馈深度，否则需要加入相位补偿网络，以破坏自激振荡的条件。

（2）消除自激振荡的常用方法 为了消除高频自激振荡，常在放大电路中接入 RC 网络来改变电路的频率特性，C 或 RC 接到某一级的输出端或者晶体管的集电极、基极之间（密勒电容），以达到破坏自激振荡的条件的目的。常用的消振电路如图 3-72 所示。

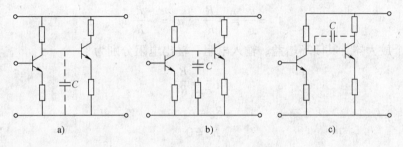

图 3-72 常用的消振电路

小结：

◆ 反馈的实质是输出量参与控制，反馈使净输入量减弱的为负反馈，使净输入量增强的为正反馈。常用"瞬时极性法"来判断反馈的极性。

◆ 反馈的类型按输出端的取样方式分为电压反馈和电流反馈，常用负载短路法判别；按输入端的连接方式分为串联反馈和并联反馈，常用观察法判别。

◆ 负反馈的重要特性是能稳定输出端的取样对象，从而使放大器的性能得到改善，包括静态和动态性能，改善动态性能是以牺牲放大倍数为代价的。虽然反馈越深越有益，但也不能无限制地加深反馈，否则易引起电路的不稳定。

◆ 当电路为深度负反馈时，反馈量近似等于外加的输入信号，利用这个结论可以简便地计算出电压放大倍数。

3.3.3 模拟信号运算电路

通过环绕集成运放连接适当的元器件，就能将它构成满足各种运算关系的模拟信号运算电路了，如加、减、乘、除、微积分运算电路。

1. 比例运算电路

（1）反相比例运算电路 图 3-73 为一个基本型反相比例运算电路。

1）电路结构：

① 输入信号 u_i 经过外接电阻 R_1 接到集成运放的反相输入端。

② 反馈电阻 R_f 构成电压并联负反馈，使集成运放工作在线性区。

③ 同相输入端的平衡电阻 R_2，主要是使同相输入端与反相输入端外接电阻相等，即 $R_2 = R_1 /\!/ R_f$，以保证运放处于平衡对称的工作状态，从而消除输入偏置电流及其温漂的

影响。

2）电路的运算关系。根据"虚短"的概念，$u_A = u_- \approx u_+ = 0$，即 A 点的电位接近于 0，所以称 A 点为"虚地"点。"虚地"是反相输入比例运算电路的一个重要特点。

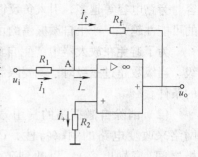

图 3-73　基本型反相比例运算电路

根据"虚断"的概念，$i_+ = i_- \approx 0$，得出 $i_1 = i_f$

又

$$i_1 = \frac{u_i}{R_1}, \quad i_f = \frac{0 - u_o}{R_f} = -\frac{u_o}{R_f},$$

得

$$A_{uf} = \frac{u_o}{u_i} = -\frac{R_f}{R_1} \text{或} \ u_o = -\frac{R_f}{R_1} u_i$$

作为一个放大器，其闭环增益、输入电阻、输出电阻分别为

$$A_{uf} = -\frac{R_f}{R_1}$$

$$R_{if} = R_1$$

$$R_o = 0$$

3）电路特点：

① 输出电压与输入电压成比例关系，且相位相反。当两个电阻的比值为 1 时，称为反相器或倒相器。

② 由于反相输入端和同相输入端的对地电压都接近于零，所以集成运放输入端的共模信号极小。

③ 一般 R_1、R_f 取值范围为 $1k\Omega \sim 1M\Omega$。

④ 运算电路的输入电阻较小。

4）改进型反相比例运算电路：

① 改进目的：提高输入电阻的同时，也可以提高闭环增益，电路如图 3-74 所示。

② 该电路的闭环增益为　$A_f = -\frac{1}{R_1}(R_{f1} + R_{f2} + \frac{R_{f1}R_{f2}}{R_{f3}})$

③ 特点：当 $R_i = R_1$ 较大时，也可以获得较高的闭环增益。

（2）同相比例运算电路　基本型同相比例运算电路如图 3-75 所示。

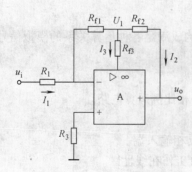

图 3-74　改进型反相比例运算电路
（用 T 形网络代替 R_f）

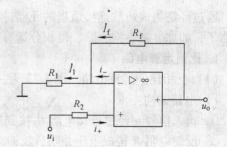

图 3-75　基本型同相比例运算电路

1）电路结构：该电路的输入信号 u_i 经外接电阻 R_2 接集成运放的同相端，由反馈电阻构成电压串联负反馈。

2）电路的运算关系：根据虚短和虚断的概念，可得

$$A_{uf} = 1 + \frac{R_f}{R_1}$$

$$R_i = \infty \qquad R_o \approx 0$$

3）电路特点：

① 该电路输入电阻很高。

② 集成运放有共模信号输入，为提高运算准确度，应选用高共模抑制比的集成运放。

③ 输出电压与输入电压的相位相同，若比例系数为1，可构成电压跟随器。

4）实用案例：

图 3-76 所示为一个单电源电压跟随器电路，可在信号源和负载之间起到缓冲作用。该电路输入信号 V_{IN} 的范围受输出电压范围限制。图中与电源 V_{DD} 连接的旁路电容用于消除自激，以保证运放的稳定工作。

如果该电路驱动重负载，应该选择有输出电流参数的运放，例如，单电源运放 TLV2472，给出了输出电流参数 $I_o = \pm 22\text{mA}$。对于能够驱动电容负载的运放，通常数据手册会给出驱动电容的参数，例如，INA126 运放的电容负载能力为 1000pF。

动手试试："技能训练 3-6　各种信号运算电路的设计（反相比例运算电路与同相比例运算电路）"。

2. 加减运算电路

（1）反相求和电路

1）电路结构：反相求和电路如图 3-77 所示，该电路将多个采样信号按一定的比例叠加起来输入到反相端，由反馈电阻构成电压并联负反馈。

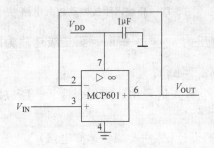

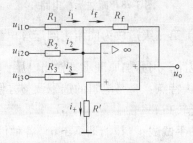

图 3-76　单电源电压跟随器电路　　　　　　图 3-77　反相求和电路

2）电路运算关系：根据虚短和虚断的概念及节点电流关系，可得

$$u_o = -R_f i_f = -R_f \left(\frac{u_{i1}}{R_1} + \frac{u_{i2}}{R_2} + \frac{u_{i3}}{R_3} \right)$$

3）电路特点：

① 该电路的输出电压等于各输入电压按不同比例相加。

② 调节反相加法运算电路某一路信号的输入电阻即可改变该路信号与输出电压的比例系数，而并不影响其他输入信号与输出电压的比例系数，因而调节方便。求和电路广泛用于

音频混合中。

③ 加法运算电路与运放本身的参数无关，只要电阻阻值足够准确，就可保证加法运算的准确度和稳定性。

④ 输入电阻低。

（2）减法运算电路

1）电路结构：电路如图 3-78 所示，两个信号分别加在同相输入端和反相输入端。

2）电路运算关系：由同相比例运算及反相比例运算的结论，运用叠加定理，可得

$$u_o = \left(1 + \frac{R_f}{R_1}\right)\left(\frac{R'}{R_2 + R'}\right)u_{i2} - \frac{R_f}{R_1}u_{i1}$$

当满足匹配条件 $R_2 = R_1$、$R_f = R'$ 时，得 $u_o = \frac{R_f}{R_1}(u_{i2} - u_{i1})$

当 $R_1 = R_2 = R_f = R'$ 时，得 $u_o = u_{i2} - u_{i1}$，输出等于两个输入信号之差。

3）电路特点：

① 缺点：一是每个信号源的输入电阻均不高，二是电阻的选取和调整不方便。

② 这种输入方式存在较大的共模电压，应选 K_{CMR} 较大的运放，并应注意电阻阻值的选取。

4）高输入阻抗减法运算电路：采用两个集成运放构成，电路如图 3-79 所示。

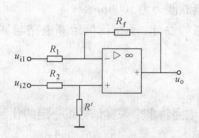

图 3-78　减法运算电路

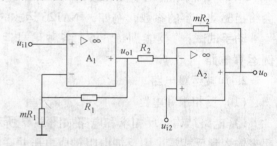

图 3-79　高输入阻抗差动放大电路

① 第一级运放为同相比例运算电路，其输出电压为 $u_{o1} = \frac{1 + m}{m}u_{i1}$，第二级运放为减法运算电路，用叠加原理求其输出电压：$u_o = (1 + m)(u_{i2} - u_{i1})$。

② 特点：一是电阻的选配调整方便；二是因两个输入信号均从同相端输入，所以输入电阻比较高。

动手试试："技能训练 3-6　各种信号运算电路的设计（加法及减法运算电路）"。

3. 微分运算电路与积分运算电路

（1）反相微分运算电路

1）基本型反相微分运算电路的结构特点。图 3-80 所示电路为基本型反相微分运算电路，电路的输入信号经电容加在反相端，反馈电阻构成电压并联负反馈。

2）电路运算关系。根据虚短与虚断的概念及电容的伏安特性，假设电容 C 的初始电压为 0，则有

$$u_o = -i_f R = -RC\frac{du_i}{dt}$$

其中，RC 为微分时间常数。

3）基本型反相微分运算电路的特点

① 该电路输出电压 u_o 与输入电压 u_i 的一次微分成正比，负号表示它们相位相反，也称为微分器。

② 微分运算电路具有波形变换功能，可将三角波变成方波，也可将矩形波变成尖脉冲输出，如图 3-81 所示，此外，微分运算电路还具有移相作用。

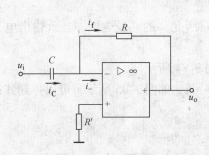

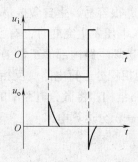

图 3-80 基本型反相微分运算电路   图 3-81 微分运算电路的波形变换示意图

③ 缺点：稳定性差、高频输入阻抗低、高频干扰大。

4）实用微分运算电路（改进型）。为了克服基本微分运算电路的缺点，常采用图 3-82 所示的实用微分运算电路。

主要措施是在输入回路中接入一个电阻 R_1 与微分电容 C 串联，在反馈回路中接入一个电容 C_f 与微分电阻 R 并联。

取 $R_1 C \approx R C_f$。在正常的工作频率范围内，使 $R_1 \ll \dfrac{1}{\omega C}$，$R \ll \dfrac{1}{\omega C_f}$。

此时，R_1、C_f 对微分电路的影响很小。但当频率高到一定程度时，R_1 和 C_f 的作用会使闭环放大倍数减小，从而抑制了高频噪声。

5）比例-微分运算电路。将比例运算和微分运算结合在一起，就构成了比例-微分运算电路，如图 3-83 所示。该电路在自动控制系统中也叫 PD 调节器。控制系统中的 PD 调节器在调节过程中起加速作用，能使系统具有较快的响应速度和工作稳定性。例如电动机出现短路故障时，比例-微分运算电路可以起加速保护作用，迅速降低其供电电压。

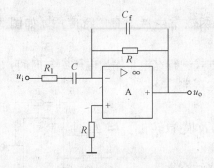

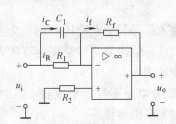

图 3-82 实用微分运算电路   图 3-83 比例-微分运算电路

该电路的运算关系：$u_{o} = -\left(\dfrac{R_{f}}{R_{1}}u_{i} + R_{f}C_{1}\dfrac{\mathrm{d}u_{i}}{\mathrm{d}t}\right)$，即输出电压是对输入电压的比例-微分。

6）应用注意事项。进行微分运算时，应注意以下三个问题：

① 当输入信号频率升高时，信噪比大大下降。

② 微分电路中的RC元件形成一个滞后的移相环节，它和运算放大器中原有的滞后环节共同作用，很容易产生自激振荡，使电路的稳定性变差。

③ 输入电压发生突变时，有可能超过运算放大器所允许的共模电压，导致输出电压达到最大值，破坏电路内部的正常工作状态。

（2）反相积分运算电路　反相积分运算电路如图 3-84 所示。

1）电路结构：将微分电路中的电容与反馈电阻对调，如图 3-85 所示，可以得到其逆向运算电路——积分运算电路。

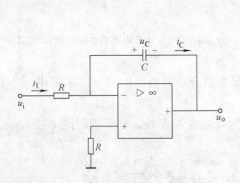

图 3-84　反相积分运算电路

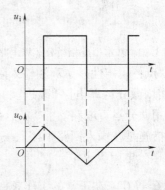

图 3-85　积分电路的波形变换示意图

2）电路运算关系：与微分运算电路分析相似，假设电容 C 的初始电压为零，就有

$$u_{o} = -\frac{1}{C}\int i_{C}\mathrm{d}t = -\frac{1}{C}\int \frac{u_{i}}{R}\mathrm{d}t = -\frac{1}{RC}\int u_{i}\mathrm{d}t$$

式中，RC 为积分时间常数。

3）电路特点：

① 采用集成运算放大器组成的积分电路，由于充电电流基本上是恒定的，故 u_{o} 是时间 t 的一次函数，从而提高了它的线性度。

② 积分电路可将矩形波变成三角波输出，在函数发生器中有广泛应用，如图 3-85 所示。

当输入信号为阶跃电压 U 时，电容近似以恒流方式进行充电。输出电压 u_{o} 与时间 t 成近似线性关系，输出最终要受到运算放大器电源电压的限制，不会无限制地增大。

③ 积分电路还常用来做显示器的扫描电路，以及模-数转换器、数学模拟运算等。

4）比例-积分运算电路。将比例运算和积分运算结合在一起，就组成比例-积分运算电路，如图 3-86 所示。比例积分电路又称 PI 调节器，在自动控制系统中常用以延缓过渡过程的

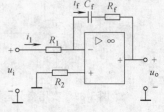

图 3-86　比例-积分运算电路

冲击，使被控制的电动机外加电压缓慢上升，以避免其机械转矩猛增造成传动机械的损坏。改变 R_f 和 C_f，可调整比例系数和积分时间常数，以满足控制系统的要求。

　　该电路的运算关系：$u_o = -\left(\dfrac{R_f}{R_1}u_i + \dfrac{1}{R_1 C_f}\int u_i \mathrm{d}t\right)$，即输出电压是对输入电压的比例-积分。

　　动手试试"技能训练 3-7　积分运算电路与微分运算电路的测试与研究"。

思考与练习

　　1. 引入负反馈对放大电路的性能有何影响？

　　2. 集成运放在线性工作区有何特征？线性工作时其电路有何特点？

　　3. 判断图 3-87 所示各电路的反馈类型。

　　4. 如何利用"虚短"和"虚断"的概念分析运算电路的输出电压和输入电压的运算关系？

　　5. 由理想运放构成的电路如图 3-88 所示。试计算输出电压 u_o 的值。

　　6. 在图 3-89 所示的反相比例运算电路中，$R_1 = 10\mathrm{k}\Omega$，$R_f = 500\mathrm{k}\Omega$，则 R_2 的阻值应为多大？若输入信号为 10mV，用万用表测量输出信号的大小，并与计算值进行比较。

　　7. 在 Multisim 仿真平台上连接一个运算电路，如图 3-90 所示，若输入信号为 10mV，用示波器观察输入、输出信号波形的相位，并测出输出电压，说明为何种运算电路。

　　8. 设计比例运算电路，以实现下列功能（其中，R_f 取 12kΩ）：（1）$u_o = -0.5u_i$；（2）$u_o = 3u_i$。

　　9. 要求用集成运算放大器实现以下运算：

$$u_o = -(2u_{i1} + u_{i2} + 5u_{i3})$$

式中，$R_f = 100\mathrm{k}\Omega$。

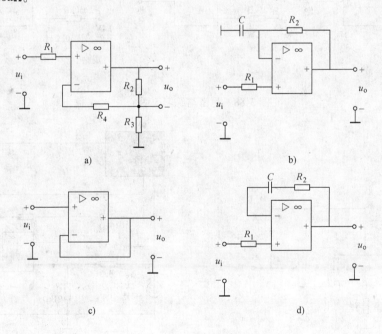

图 3-87　思考与练习 3 图

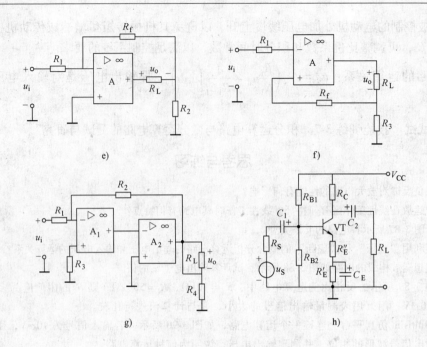

e)

f)

g)

h)

图 3-87 思考与练习 3 图(续)

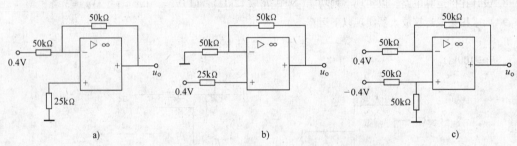

a)

b)

c)

图 3-88 思考与练习 5 图

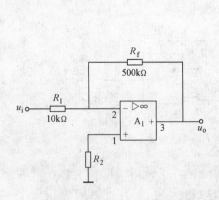

图 3-89 思考与练习 6 图

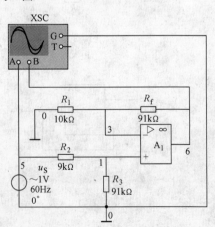

图 3-90 思考与练习 7 图

技能训练 3-5   负反馈放大电路的测试与研究

实验平台：虚拟实验室。

实验目的：

1）能按要求对案例电路进行相关测试。

2）了解该电路反馈通路的组成及作用。

3）正确使用示波器观察输入与输出波形。

4）正确使用波特仪测试电路的频率特性。

5）掌握负反馈对电路的性能有哪些影响。

实验电路：电路如图 3-91 所示。

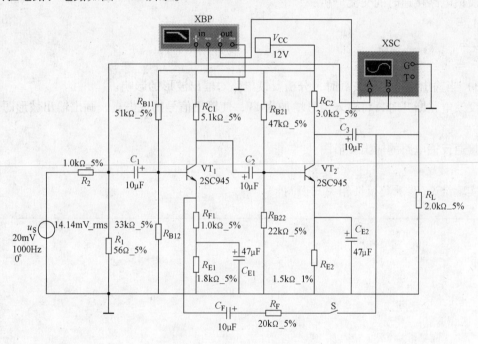

图 3-91   案例电路

实验仪器：

1）示波器：用于观察输出与输入电压信号。

2）万用表：用于 Q 点测试。

3）波特仪：用于测试电路的频率特性。

实验步骤：

1）分析案例电路的结构特点，找出电路的反馈通道，指出其反馈类型。

2）将实验仪器正确接入电路。

3）对不含反馈电路及含反馈电路的性能进行比较与分析。

具体步骤：

1）判断反馈通路的组成及类型。

2）放大电路的直流测试：

① 无反馈电路(S 断开)时,晶体管各管脚的直流电位分别为

晶体管 VT_1:

晶体管 VT_2:

反馈电路接通时,晶体管各管脚的直流电位分别为

晶体管 VT_1:

晶体管 VT_2:

② 无反馈电路(S 断开)时的交流分析:

$A_u =$

$f_L =$

$f_H =$

反馈电路接通时的交流分析:

$A_u =$

$f_L =$

$f_H =$

3) 当输出信号出现失真时,分析反馈电路对输出波形的影响。

反馈电路断开时,将输入信号增加为 $1V$,使输出信号出现失真,画出输出波形图:

接通反馈电路的输出波形图:

实验结论(参看负反馈相关知识):

_____。

技能训练 3-6　各种信号运算电路的设计

实验平台：仿真实训室。

实验目的：

1）熟悉集成运放构建的信号运算电路的分析方法。

2）能用集成运放搭建各种信号运算电路，如反相比例运算电路、射极跟随电路、减法电路。

3）了解各种信号运算电路的外围电阻的功能。

实验仪器：

1）万用表：用于电路输入与输出电压的测量。

2）直流稳压电源：用于产生电路所需要的各种直流输入信号。

实验内容：

1. 反相比例运算电路的设计与测试

实验电路如图 3-92 所示，其中 U_S 为信号源，XMM 为万用表，3554BM 为集成运放，R_f 为 $100k\Omega$，R_1 为 $10k\Omega$。

实验步骤：

1）搭建图 3-92 所示电路，分析电路的结构及特点，回答：该电路 R_f 引入的为何种反馈？R_2 有何作用？

2）电路测试。当输入不同信号时，用万用表测试此时的输出电压值，填入表 3-6 中，并总结其运算关系，了解电路的功能。

表 3-6　输出电压测试表

输入信号 U_S/mV		500	−500	1000
输出信号	估算值/V			
	测量值/V			

3）设计搭建一个反相比例运算电路，比例系数为 −1，并验证其功能。

2. 同相比例运算电路设计与测试

实验电路如图 3-93 所示。

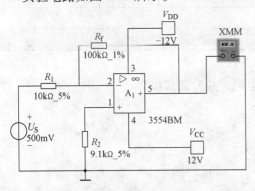

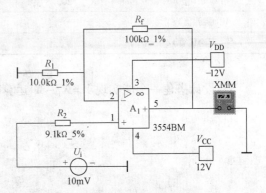

图 3-92　反相比例运算电路　　　　　　　　　图 3-93　同相比例运算电路

实验步骤:

1)搭建图 3-93 所示电路,分析其结构及特点,回答:R_f 引入的为何种反馈?信号从哪端输入?该电路能实现何种功能?

2)电路测试:用万用表测试输入不同信号时的输出电压值,填入表 3-7 中,并总结其运算关系,了解电路的功能。

表 3-7　输入不同信号时的输出电压值测试表

信号源 U_i/mV	10	−10	100
U_o(实测值)/V			
U_o(理论估算)/V			

3)试设计搭建一个电压跟随电路,即比例系数为 1,并验证其功能。

3. 减法运算电路的仿真与测试

实验电路如图 3-94 所示。

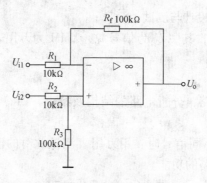

图 3-94　减法运算电路

实验步骤:

1)创建电路:该电路 R_f 引入的为何种反馈?

2)电路测试:当输入不同的 U_{i1} 和 U_{i2} 时,用万用表测出此时的输出电压,记录在表 3-8 中,并总结其运算关系,了解电路的功能。

表 3-8　减法运算电路的输出电压值测试表

信号源 U_{i1}/mV	100	200	−100
信号源 U_{i2}/mV	200	100	100
U_o(实测值)/V			
U_o(理论估算)/V			

3)设计搭建一个能实现 $Y = X_1 - X_2$ 运算的电路,并验证其功能。

技能训练 3-7　积分运算电路与微分运算电路的测试与研究

实验平台：仿真实训室。

实验目的：

1）熟悉集成运放构建的积分运算电路与微分运算电路结构。

2）能对电路进行调零。

3）会分析两种电路的运算关系。

实验内容：

1. 反相比例积分运算电路的测试与研究

实验电路如图 3-95 所示。

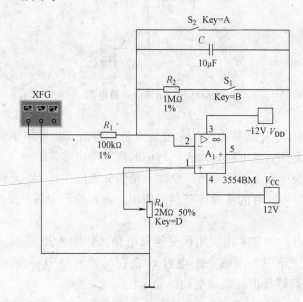

图 3-95　反相比例积分运算电路

实验步骤：

1）创建电路。图 3-95 电路中 S_1 的设置是为了便于调零，即通过电阻 R_2 的负反馈作用可以帮助实现调零，S_2 的设置可实现积分电容初始电压 $u_C(0)=0$，可控制积分起始点。

根据电路结构，判断该电路的输出信号与输入信号有何种关系？

2）电路测试：

① 接入万用表，进行调零（将信号输入端短接，微调 R_4 使输出端电位接近零）：为了便于调节，先将图中 S_1 闭合，S_2 断开，通过电阻 R_2 的负反馈作用帮助实现调零。完成调零后，应将 S_1 打开。

② 电路测试：输入信号 u_i（由信号源产生矩形波信号 $U_{im}=100\text{mV}$，$f=100\text{Hz}$）：先闭合 S_2，将电容短接，使其初始能量为零，上电后再将其断开，电路也就开始进行积分运算。

观察并绘制输出电压波形与输入波形：

实验结论：该电路的功能是＿＿＿＿＿＿＿＿＿＿＿＿＿＿＿＿＿＿＿＿＿＿＿。

2. 实用微分运算电路的测试与研究

实验电路如图 3-96 所示。

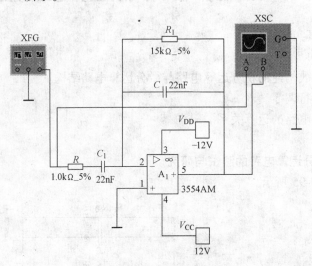

图 3-96 实用微分运算电路

实验步骤：

1）创建电路。基本微分运算电路的主要缺点是，当输入信号频率升高时，电容的容抗减小，则放大倍数增大，造成电路对输入信号中的高频噪声非常敏感，因而输出信号中的噪声成分严重增加，信噪比大大下降。另一个缺点是微分电路中的 RC 元件形成一个滞后的移相环节，它和集成运放中原有的滞后环节共同作用，很容易产生自激振荡，使电路的稳定性变差。

为了克服以上缺点，常常采用实用微分运算电路，如图 3-96 所示。主要措施是在基本微分运算电路的输入回路中多串联一个电容 C_1，在反馈回路中则多并联一个电阻 R_1，使 $RC_1 = R_1 C$，从而抑制高频噪声，提高电路的稳定性。

2）电路测试：

当信号源输入矩形波信号 u_i（其有效值为 5 V，$f = 200$ Hz）时，观察并绘制输出电压波形与输入波形：

实验结论：该电路的功能是_____。

技能训练 3-8　模拟信号运算电路的搭建与测试

实验平台：电子实训室。

实验目的：

1）掌握用集成运放组成各种运算电路的方法。

2）掌握各种运算电路的结构特点及性能。

3）学会各种运算电路的测试和分析方法。

实验仪器（集成电路测试实验箱）：

1）±15V 直流电源。

2）函数信号发生器。

3）万用表。

4）集成运放 741。

实验内容：

1. 认清集成运放 741 各引脚的位置

741 芯片的引脚介绍及外部引脚示意图如图 3-97 所示；切忌正、负电源极性接反和输出端短路，否则将会损坏集成运放组件。

运放各引脚功能（绘制芯片引脚示意图）：

2 脚——反相输入端。

3 脚——同相输入端。

6 脚——输出端。

7 脚——正电源端。

4 脚——负电源端。

1 脚、5 脚——失调调零端，1、5 脚之间可接入一只几十千欧的可调电位器并将滑动触头接到负电源端。

8 脚——空脚。

2. 反相比例运算电路

图 3-98 为反相比例运算电路。分析该电路接入的反馈类型为＿＿＿＿＿＿＿＿＿＿＿＿＿＿。

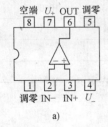
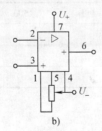

a)　　　　　　　b)

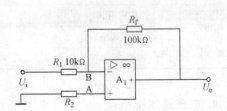

图 3-97　741 芯片的引脚介绍及外部引脚示意图　　　　图 3-98　反相比例运算电路

实验步骤：

1）按图 3-98 连接实验电路，其中平衡电阻 R_2 的值应为＿＿＿＿＿＿＿。接通 ±15V 电源，将输入端接地，调整调零电位器，进行调零和消振。

2）从反相输入端输入表3-9 中的三种直流电压 U_i，测量并记录相应的 U_o，注意观察 U_o 和 U_i 的相位关系，与理论值比较。

表 3-9 $R_f = 100\text{k}\Omega$ 的反向比例运算电路的运算关系测试表

输入电压 U_i/mV		500	−500	1000
输出电压 U_o	理论估算/mV			
	实测值/mV			

3）如将 R_f 的 100kΩ 改为 10kΩ，则平衡电阻 R_2 为_____，重复步骤2），将相关数据填入表3-10 中，并与理论值比较。

表 3-10 $R_f = 10\text{k}\Omega$ 的反向比例运算电路的运算关系测试表

输入电压 U_i/mV		500	−500	1000
输出电压 U_o	理论估算/mV			
	实测值/mV			

试粗略估算该电路的输入电阻及输出电阻值。

3. 同相比例运算电路

试将图 3-98 改为同相比例运算电路，绘制其电路原理图：

实验步骤：

1）按所设计的电路图连接电路，接通 ±15V 电源，将输入端接地，调整调零电位器进行调零。

2）从同相输入端输入表 3-11 中的三种直流电压 U_i，记录下 R_f 值，测量并记录相应的 U_o 的值，并与理论值比较。

表 3-11   同相比例运算电路的运算关系测试表

输入电压 U_i/mV		500	−500	1000
输出电压 U_o	反馈电阻 R_f			
	理论估算/mV			
	实测值/mV			

4. 电压跟随器

1）按图 3-99 连接实验电路，接通 ±15V 电源，输入端对地短路，进行调零和消振。

2）从同相输入端输入表 3-12 中的直流信号 U_i，改变 R_L 的值，测量并记录相应的 U_o，注意相位关系，与理论值进行比较：

表 3-12 电压跟随器电路的运算关系测试表

U_i/mV		500	–500	1000
U_o(理论估算)/V	$R_L = \infty$			
	$R_L = 5.1\text{k}\Omega$			
U_o(实测值)/V	$R_L = \infty$			
	$R_L = 5.1\text{k}\Omega$			

5. 减法运算电路

分析图 3-100 所示电路的结构特点：

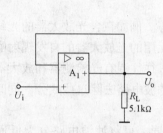

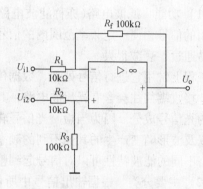

图 3-99 电压跟随器电路   图 3-100 减法运算电路

实验步骤：

1）按图 3-100 连接电路，接通 ±15V 电源，将输入端接地，调整调零电位器进行调零。

2）由信号输入端输入表 3-13 中的直流信号 U_{i1}、U_{i2}，测量并记录相应的 U_o，与理论值比较。

3）如将 R_f 的 100kΩ 改为 10kΩ，将 R_3 的 100kΩ 改为 10kΩ，重复上述实验，并把数据记录在表 3-13 中。

表 3-13 减法运算电路的运算关系测试表

反馈电阻取值		$R_f = 100\text{k}\Omega$		$R_f = 10\text{k}\Omega$	
输入电压 U_{i1}/mV		1000	500	1000	500
输入电压 U_{i2}/mV		500	1000	500	1000
输出电压 U_o/mV	理论估算				
输出电压 U_o/mV	实测值				

实验结论：

1）整理实验数据，分析输出结果（注意输入与输出的相位关系）。思考：如何设置才能使集成运放工作在线性放大区？反相比例运算电路有何特点？同相比例运算电路有何特点？射极跟随器有何特点？

2）如何构建反相比例系数为 –1 的运算电路？

3）如何构建减法运算电路？

3.4　有源滤波电路

➢ 滤波电路的基本概念
➢ 低通滤波电路
➢ 高通滤波电路

3.4.1　滤波电路的基本概念

1. 滤波电路的功能及分类

（1）功能　滤波电路（亦称滤波电路）就是一种选频电路，它能选出有用的信号，而抑制无用的信号，使一定频率范围内的信号能顺利通过，衰减很小，而在此频率范围以外的信号不易通过，衰减很大。

工程上常用它进行信号处理、数据传送和抑制干扰等。例如在含光放大器的光纤通信系统中，接收端往往会含有光滤波电路，其作用就是去除无用的光放大器的自发辐射噪声或者其他的光信号成分。因为当检测光信号转换成电信号后，往往混有光检测器和放大器的散粒噪声以及波形畸变产生的其他不利的频率成分，需要靠滤波电路去除这些成分，同时通过滤波电路不同的滤波特性可以对信号起到整形的作用。

（2）主要分类　根据输出信号中所保留的频段的不同，可将滤波电路分为低通滤波电路（LPF）、高通滤波电路（HPF）、带通滤波电路（BPF）、带阻滤波电路（BEF）等。

滤波电路是依赖频率处理信号的电路，通常用幅频特性来表征一个滤波电路的特性。四种滤波电路的频率特性如图 3-101 所示。

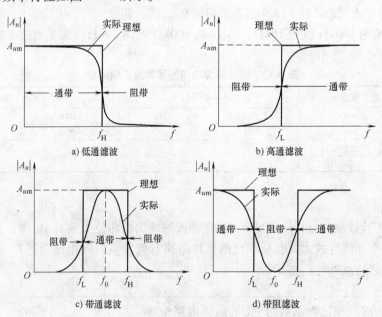

图 3-101　四种滤波电路的频率特性

图 3-101 中，能够通过的信号频率范围称为"通带"，受阻或衰减的信号频率范围称为

"阻带"。一般性能良好的滤波电路通带内的幅频特性曲线是平坦的，阻带内的电压放大倍数基本为零。且通带与阻带之间的过渡带越窄越好，过渡带越窄，说明滤波电路的选择性越好。滤波电路的主要性能指标有通带放大倍数 A_{uf}、电路截止频率 f_H 等。

2. 无源滤波电路与有源滤波电路

（1）无源滤波电路　早期的滤波电路主要采用无源元件 R、L、C 组成，图 3-102 所示为无源 RC 低通和高通滤波电路。

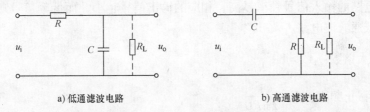

a) 低通滤波电路　　　　　　　　　b) 高通滤波电路

图 3-102　无源 RC 滤波电路示意图

R、C 网络为无源滤波电路，存在问题：①电路的增益小，最大为 1；②带负载能力差，当 R_L 变化时，滤波特性也随之变化；③过渡带较宽，选择性不理想。

为了克服无源滤波电路的缺点，可将无源滤波电路接到集成运放的同相输入端，构成有源滤波电路，与此同时还可以进行放大。后面所述均为有源滤波电路。

（2）无源滤波电路与有源滤波电路比较　与无源滤波电路相比较，有源滤波电路有许多优点：

1）它不使用电感元件，故体积小，质量小，也不必进行磁屏蔽。

2）有源滤波电路中的集成运放可加电压串联深度负反馈，电路的输入阻抗高，输出阻抗低，输入与输出之间具有良好的隔离。

3）除了滤波作用外，还可以放大信号，而且调节电压放大倍数不影响滤波特性。

4）有源滤波电路的缺点是，因为通用型集成运放的带宽较窄，故有源滤波电路不宜用于高频范围，一般使用频率在几十千赫以下，也不适合在高压或大电流条件下应用。

5）有源滤波电路被广泛应用于通信、测量及控制技术中的小信号处理。

3.4.2　低通滤波电路

在实际电路中，低通滤波电路可用来除掉电子机器和电机等产生的高频干扰信号噪声，如图 3-103 所示。

图 3-103　低通滤波电路抑制高频信号的示意图

1. 一阶低通滤波电路 LPF

（1）电路组成　图 3-104 所示电路中，在 RC 低通滤波电路的输出端加一个电压跟随器，即可以构成一个简单的一阶低通滤波电路。

（2）电路分析

1）该电路的传输特性：$A_u = \dfrac{\dot{U}_o}{\dot{U}_i} = \left(1 + \dfrac{R_f}{R_1}\right)\dfrac{1}{1 + j\omega RC}$

这反映出电路的输入信号频率越高，相应的输出信号越小，而低频信号则可得到有效的放大，故称为低通滤波电路。

2）通带放大倍数：$\dot{A}_{uf} = 1 + \dfrac{R_f}{R_1}$。

3）电路的截止频率：$f_H = \dfrac{1}{2\pi RC}$。

4）一阶低通滤波电路的幅频特性如图 3-105 所示。

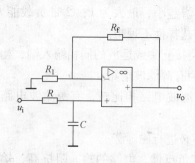

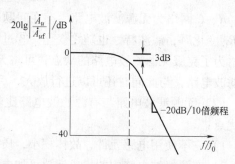

图 3-104　一阶低通滤波电路　　　　图 3-105　一阶低通滤波电路的幅频特性

（3）电路特点

1）一阶低通滤波电路的优点是电路简单，缺点是特性偏离理想特性过远，阻带区衰减太慢，衰减斜率仅为 $-20\text{dB}/10$ 倍频程，也就是说，在比截止频率高 10 倍的频率处，幅度只下降了 20dB。

2）一般只用于滤波要求不高的场合。

2. 实用型二阶低通滤波电路

为了得到更好的滤波效果，可在一阶低通滤波电路前再串接一级 RC 滤波，组成二阶低通滤波电路，如图 3-106 所示，其幅频特性如图 3-107 所示。

电路特点：

1）二阶低通滤波电路的幅频特性比一阶的好。与理想的一阶低通滤波电路幅频特性相比，如图 3-107 所示，在超过通带截止频率以后，幅频特性以 $-40\text{dB}/10$ 倍频的速率下降，比一阶的下降快。

2）将电路中的第一个电容 C 接地端改接到集成运放的输出端，形成正反馈，只要参数选择合适，既不会产生自激振荡，又对通带电压放大倍数影响不大，可以进一步改善通带截止频率附近的幅频特性，即提升截止频率附近的输出幅度。

3）电路的通带增益为 $A_{uf} = 1 + R_f/R_1$，为防止产生自激振荡，应使 $A_{uf} < 3$。

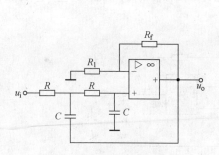

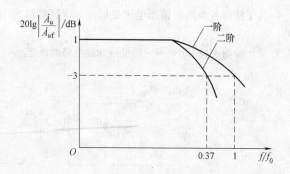

图 3-106 二阶低通滤波电路　　　　图 3-107 二阶与一阶低通滤波电路幅频特性比较示意图

3.4.3 高通滤波电路

高通滤波电路功能：用于通过高频信号，抑制或衰减低频信号（或直流成分）。

1. 电路结构

将低通滤波电路的 R 和 C 的位置调换，就成为一阶高通滤波电路，如图 3-108a 所示，图中滤波电容接在集成运放输入端，它将阻隔、衰减低频信号，而让高频信号顺利通过。

2. 电路分析

同低通滤波电路的分析类似，其幅频特性如图 3-108b 所示，电路使频率大于 f_0 的信号通过，而频率小于 f_0 的信号被阻止。具体分析可参考相关有源滤波电路的学习资料。

3. 改进型二阶高通滤波电路

图 3-109 为一实用二阶高通滤波电路。

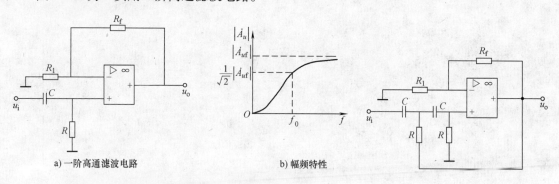

a) 一阶高通滤波电路　　　　　　b) 幅频特性

图 3-108 一阶高通滤波电路及其幅频特性　　　　图 3-109 实用二阶高通滤波电路

该电路的通带增益为 $\dot{A}_{uf} = 1 + R_f/R_1$，为防止产生自激振荡，应使 $|\dot{A}_{uf}| < 3$。

动手试试：查阅有关资料，了解带通滤波电路及带阻滤波电路设计方案。

思考与练习

1. 为了避免 50Hz 电网电压的干扰进入放大电路，应选用＿＿＿＿＿滤波电路。

2. 已知输入信号的频率为 10～12kHz，为了防止干扰信号的混入，应选用＿＿＿＿＿滤波电路。

3. 为了获得输入电压中的低频信号，应选用＿＿＿＿＿滤波电路。

4. 为了使滤波电路的输出电阻足够小，保证负载电阻变化时滤波特性不变，应选用_____滤波电路。

5. 试比较图 3-110 中两种一阶低通滤波电路的性能。

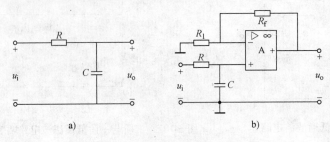

图 3-110　思考与练习 5 图

技能训练 3-9　滤波电路的特性研究

实验平台：仿真实训室。

实验目的：

1) 了解如何用集成运放搭建一个低通及高通滤波电路。

2) 会用扫频仪或示波器对滤波电路进行特性测试及调试。

实验步骤：

1) 器件选择及布局。了解实验电路的结构，如图 3-111、图 3-112 所示，根据参考电路图列出元器件清单，从器件库选择相应器件，摆放在合适的位置。

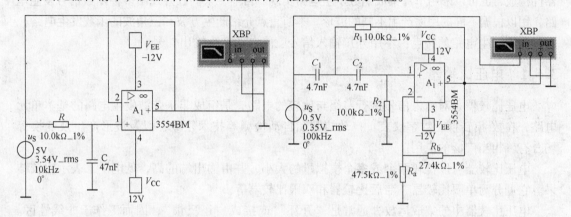

　　　图 3-111　一阶低通滤波电路　　　　　　图 3-112　二阶压控电压源高通滤波电路

2) 创建电路。按实验电路图连接电路，给器件设置合适的参数。

3) 仿真测试：

① 用扫频仪或用示波器观察该电路的幅频特性，并绘制出来。

② 确定该电路的通带放大倍数及截止频率。

实验结论(可参考滤波电路相关内容)：

_____。

3.5　非正弦波发生电路

➢　电压比较器
➢　矩形波发生电路
➢　三角波发生电路
➢　锯齿波发生电路

波形发生电路又称函数发生电路，是指能自动产生某些特定的周期性时间函数波形（主要是正弦波、方波、三角波、锯齿波和脉冲波等）信号的电路和仪器。这类电路可以由运放及分离元器件构成，也可以采用单片集成函数发生电路实现。目前，人们已开发出多种函数信号发生电路，用以根据不同的用途产生不同的波形。本节重点介绍产生方波和三角波的函数发生电路。

波形发生电路的特点：不用外接输入信号就能自动产生输出信号。

3.5.1　电压比较器

电压比较器是对输入信号进行鉴幅与比较的电路，是组成非正弦波发生电路的基本单元电路，在数-模转换、数字仪表、自动控制和自动检测等技术领域，以及波形产生及变换等场合有着相当广泛的应用。

电压比较器可以比较两个或多个模拟量的大小，并由输出端的高、低电平来表示比较结果。它可分为单限比较器、滞后比较器和双限比较器等。

电压比较器中的集成运放，通常是"开环"或接成"正反馈"，因而工作于非线性区。如图 3-60 所示，集成运放工作在非线性区时，输出只有下面两种情况：

当 $u_+ > u_-$ 时，$u_o = +U_{OPP}$；当 $u_+ < u_-$ 时，$u_o = -U_{OPP}$。

1. 单限比较器

利用单限比较器可将正弦波变为同频率的方波或矩形波，单限比较器如图 3-113 所示。

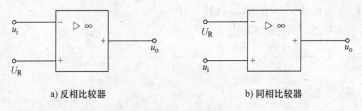

a) 反相比较器　　　　　　　　　　　b) 同相比较器

图 3-113　单限比较器

（1）电路结构　集成运放是"开环"使用。

（2）传输特性　单限比较器的电压传输特性如图 3-114 所示。

以反相比较器为例分析：

当 $u_+ > u_-$ 时，$u_o = U_{OH}$，即 $u_i < U_R$ 时，$u_o = U_{OH}$。

当 $u_+ < u_-$ 时，$u_o = U_{OL}$，即 $u_i > U_R$ 时，$u_o = U_{OL}$。

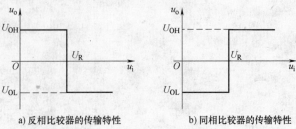

a) 反相比较器的传输特性　　　　　b) 同相比较器的传输特性

图 3-114　单限比较器的电压传输特性

可见，在 $u_i = U_R$ 处输出电压 u_o 会发生跃变(翻转)。人们把比较器的输出电压从一个电平翻转到另一个电平时对应的输入电压值称为阈值电压或门限电压，用 U_{TH} 表示。

（3）电路特点

1）单限比较器用来比较输入信号与参考电压的大小。当两者幅度相等时输出电压产生跃变，由高电平变成低电平，或者由低电平变成高电平。由此来判断输入信号的大小和极性。

2）单限比较器发生状态翻转的门限电压是在某一个固定值上：当 u_i 单方向变化时，u_o 翻转一次。

3）单限比较器电路简单，灵敏度高，但抗干扰能力较差，容易发生误触发。

（4）过零比较器　如果输入电压过零时输出电压发生跳变，就称为过零比较器，过零比较器可将正弦波转化为方波，如图 3-115 所示。

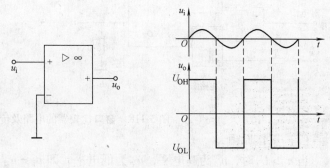

2. 滞回比较器

滞回比较器克服了单限比较器抗干扰能力差的缺点。它有两个阈值，通过电路引入正反馈获得。

图 3-115　过零比较器的电路及波形变换示意图

（1）电路结构　如图 3-116 所示，由于电路中引入了正反馈，不但提高了比较器的响应速度，也使输出电压的跃变不是发生在同一门限电压上(有两个阈值)。

（2）传输特性　滞回比较器的传输特性如图 3-117 所示，由图可知，滞回比较器电路有两个门限电压，上门限电压为 U_{TH1}，即 u_i 逐渐增加时的门限电压，下门限电压为 U_{TH2}，即 u_i 逐渐减小时的门限电压。通常把上门限电压与下门限电压之差称为回差电压。

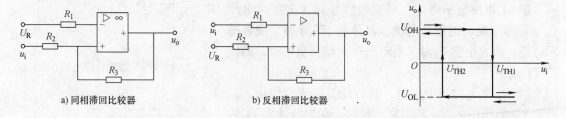

a) 同相滞回比较器　　　　　　b) 反相滞回比较器

图 3-116　同相与反相滞回比较器电路　　　　图 3-117　滞回比较器的传输特性

（3）电路特点　该比较器具有滞回特性。回差电压的存在大大提高了电路的抗干扰能力。只要干扰信号的值小于"回差电压"，比较器就不会因为干扰而误动作。回差越大，抗干扰能力越强。

（4）应用说明

1）调节 R_2 或 R_3 可以改变回差电压的大小。

2）改变 U_R 可以改变上、下门限电压，但不影回差电压 ΔU。

滞回比较器在数据检测、自动控制、超限控制报警和波形发生等电路中得到了广泛应用。

3. 窗口比较器

窗口比较器又称为双限比较器，可以用于检测输入电压是否在某两个电平之间。

（1）电路结构　图3-118a所示电路是利用两个专用集成电压比较器（如国产的高速比较器BG307）组成的窗口比较器。芯片BG307的特性是，当两个组件的输出端并联在一起时，若其中任意一个比较器输出为高电平，则并联输出端即为高电平。只有当两者的输出都是低电平时，并联输出端才为低电平。

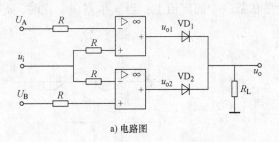

a) 电路图

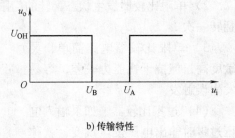

b) 传输特性

图 3-118　窗口比较器的电路及传输特性

（2）工作原理

当 $u_i > U_A$ 时，u_{o1} 为高电平，u_{o2} 为低电平，即 $u_o = u_{o1} = U_{OH}$。

当 $u_i < U_B$ 时，u_{o1} 为低电平，u_{o2} 为高电平，即 $u_o = u_{o2} = U_{OH}$。

当 $U_B < u_i < U_A$ 时，$u_{o1} = u_{o2} = U_{OL}$，$u_o = 0V$，其传输特性如图3-118b所示。

4. 比较器应用案例

图3-119所示电路为一内含比较器的监控报警电路。如需对某一参数（如温度、压力等）进行监控，可由传感器取得监控信号，u_i 为监控信号电压、U_R 是参考电压。当 u_i 超过正常值时，报警灯亮。

该电路的工作原理：

1）由电路分析可知，当监控信号 u_i 大于参考电压 U_R 时，输出端 u_o 输出高电位，晶体管VT导通，报警指示灯亮；当 u_i 小于 U_R 时，则输出端 u_o 输出负电位，晶体管VT截止，指示灯灭。

2）R_3 在 u_o 为高电位时，起分压、限流的作用。二极管VD的作用是当 u_o 输出负电位时，保护晶体管VT的发射结不被反向击穿。

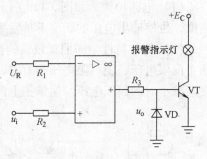

图 3-119　监控报警电路

3.5.2　矩形波发生电路

矩形波（通称方波）信号常用于脉冲和数字系统作为信号源。

1. 电路结构

图3-120所示矩形波发生电路主要由滞回比较器、RC 充放电电路组成，电容电压 u_C 即是比较器的输入电压，电阻 R_2 两端的电压 U_R 即是比较器的参考电压。其

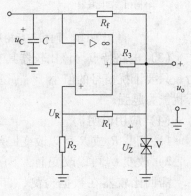

图 3-120　矩形波发生电路

中运放的 $U_{\text{OH}} = +U_Z$，$U_{\text{OL}} = -U_Z$。

2. 工作原理

设电源接通时，$u_o = +U_Z$，$u_C(0) = 0$。u_o 通过 R_f 对电容 C 充电，u_C 按指数规律增大。

当 $u_o = +U_Z$ 时，电容充电，u_C 按指数规律增大，$U_R = \dfrac{R_2}{R_1 + R_2} U_Z$。

当 $u_C = U_R$ 时，u_o 跳变成 $-U_Z$，电容放电，u_C 下降，$U_R = -\dfrac{R_2}{R_1 + R_2} U_Z$。

当 $u_C = -U_R$ 时，u_o 跳变成 $+U_Z$，电容又重新充电。

（1）工作波形　矩形波发生电路输出波形如图 3-121 所示。

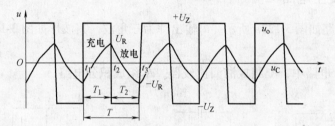

图 3-121　矩形波发生电路输出波形

（2）矩形波的振荡周期与频率

$$T = T_1 + T_2 = 2R_f C \ln\left(1 + \frac{2R_2}{R_1}\right) \qquad f = \frac{1}{T} = \frac{1}{2R_f C \ln\left(1 + \dfrac{2R_2}{R_1}\right)}$$

由此可知，改变充、放电回路的时间常数及滞回比较器的电阻，即可改变矩形波发生电路的振荡周期。

3. 脉宽可调节的矩形波发生电路

图 3-122 所示为一脉宽可调的矩形波发生电路及其输出波形，该电路输出波形的占空比可以通过改变充、放电时间常数的方法来实现。该电路的充电时间、放电时间及占空比分别为

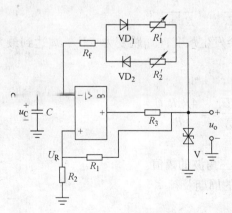

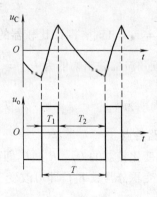

图 3-122　脉宽可调节的矩形波发生电路及其输出波形

充电时间 T_1: $T_1 = 2(R_f + R_2')C\ln\left(1 + \dfrac{2R_2}{R_1}\right)$

放电时间 T_2: $T_2 = 2(R_f + R_1')C\ln\left(1 + \dfrac{2R_2}{R_1}\right)$

占空比 D 为

$$D = \frac{T_1}{T} = \frac{T_1}{T_1 + T_2} = \frac{R_f + R_2'}{2R_f + R_1' + R_2'}$$

使电容的充、放电时间常数不同且可调，即可使矩形波发生电路的占空比可调。

3.5.3　三角波发生电路

三角波发生电路如图 3-123a 所示，u_o 输出即为三角波，其波形如图 3-123b 所示。

1. 电路结构

图 3-123a 所示电路中，A_1 组成滞回比较器，A_2 组成积分电路。

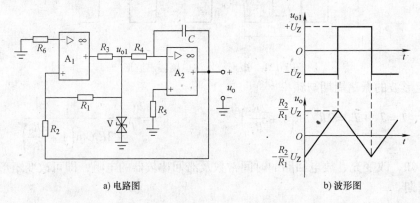

a) 电路图　　　　　　　　　　　b) 波形图

图 3-123　三角波发生电路及其波形

2. 工作原理

电路的工作稳定后，利用叠加定理求出 A_1 同相输入端的电位为

$$u_+ = \frac{R_2}{R_1 + R_2}u_{o1} + \frac{R_1}{R_1 + R_2}u_o$$

当 $u_+ = u_- = 0$ 时，滞回比较器的输出会发生跳变，u_{o1} 跳变为 $-U_Z$，u_o 达到最大值 U_{om}。

解得三角波的输出幅值为 $U_{om} = \dfrac{R_2}{R_1}U_Z$

振荡周期为

$$T = \frac{4R_4CU_{om}}{U_Z} = \frac{4R_2R_4C}{R_1}$$

3. 电路特点

1）改变比较器的 U_Z、R_1、R_2 即可改变三角波的幅值。

2）改变积分常数 R_4C 即可改变三角波的周期及频率。

3.5.4　锯齿波发生电路

锯齿波信号常用在示波器的扫描电路或数字电压表中。

1. 电路结构

电路如图 3-124a 所示，在三角波发生电路中，增加了 VD 和 R_4'，目的是使电容 C 的充电和放电时间不同，这样在电容两端的电压波形便调整成锯齿波，如图 3-124b 所示。

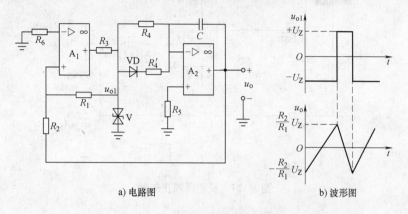

a) 电路图　　　　　　　　　　　　b) 波形图

图 3-124　锯齿波发生电路及其波形

2. 工作原理

当 u_{o1} 为 $+U_Z$ 时，二极管 VD 导通，故积分时间常数为 $\dfrac{R_4 R_4'}{R_4 + R_4'}C$，远小于 u_{o1} 为 $-U_Z$ 时的积分时间常数 $R_4 C$。由此可见，正、负向积分的速率相差很大，从而形成锯齿波电压。

> **小结：**
> ◆ 在滞回比较电路的基础上，通过增加一条 RC 充放电电路，即构成方波发生电路。对反馈支路稍作改动，使 RC 充、放电时间常数不等，即可产生占空比可调的矩形波。
> ◆ 在集成运放构成的积分电路前加一滞回比较电路，即构成三角波发生电路，改变充、放电时间常数，可产生锯齿波。

思考与练习

1. 若过零比较器如图 3-125 所示，则它的电压传输特性将是怎样的？输入为正负对称的正弦波时，输出波形是怎样的？

2. 若滞回比较器如图 3-126 所示，则它的电压传输特性将是怎样的？

图 3-125　思考与练习 1 图　　　　　　　图 3-126　思考与练习 2 图

3. 反相滞回比较器工作性能测试：在 Multisim 仿真平台上建立一个反相滞回比较器，如图 3-127 所示。试用示波器测出门限电平 U_{T+}、U_{T-} 及回差电压 $\triangle U_T$。

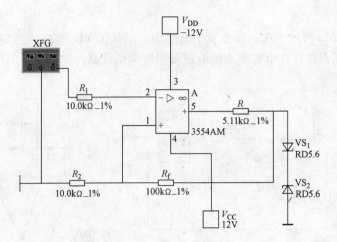

图 3-127　反相滞回比较器

技能训练 3-10　非正弦波发生电路的测试与研究

实验平台：仿真实训室。

实验目的：

1）学习用集成运放构成方波和三角波发生电路。

2）熟悉非正弦波发生电路的组成及各部分的功能。

3）能搭建一个非正弦波发生电路，并验证其功能。

4）了解电压比较器及积分电路的工作原理。

实验电路：实验电路如图 3-128 所示。

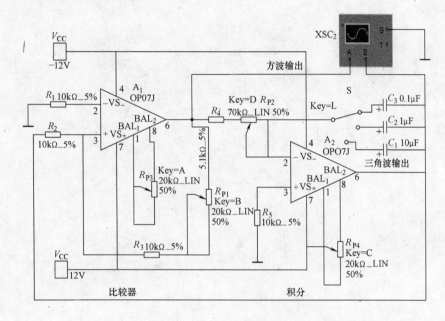

图 3-128　非正弦波发生电路

实验仪器：

1）直流稳压电源：用于提供集成芯片正常工作的正、负 12V 电压。

2）示波器：用于观察电路的输出电压波形。

实验步骤：

1）了解各部分电路的组成及功能。

① 此电路的频率范围：1～10Hz、10～100Hz 和 100Hz～1kHz。方波-三角波的频率为

$$f = \frac{R_3 + R_{P1}}{4R_2(R_4 + R_{P2})C}$$

其中

$$\frac{R_2}{R_3 + R_{P1}} = \frac{1}{3}$$

② 取 $R_2 = 10\text{k}\Omega$，则 $R_3 + R_{P1} = 30\text{k}\Omega$，取 $R_3 = 10\text{k}\Omega$，$R_{P1} = 20\text{k}\Omega$。

取 $R_4 = 5.1\text{k}\Omega$，则 $R_4 + R_{P2} = 7.5 \sim 75\text{k}\Omega$，$R_{P2} = 69.9\text{k}\Omega$，取标称值 $R_{P2} = 70\text{k}\Omega$。

当 $1\text{Hz} < f < 10\text{Hz}$ 时，取 $C = C_1 = 10\mu\text{F}$。

当 $10\text{Hz} < f < 100\text{Hz}$ 时，取 $C = C_2 = 1\mu\text{F}$。

当 $100\text{Hz} < f < 1\text{kHz}$ 时，取 $C = C_3 = 0.1\mu\text{F}$。

可通过什么方式改变方波的周期? _____。

2）电路测试：改变开关 S 与电容 C_1、C_2、C_3 的连接位置，可改变三角波、方波的输出频率；用示波器观察输出电压波形的变化。

实验结论：

_____。

3.6　仪表用放大器

- ➢ 仪表用放大器介绍
- ➢ 三运放构成的精密放大器
- ➢ 集成仪表用放大器

3.6.1　仪表用放大器介绍

1. 功能

仪表用放大器广泛用于精密放大电路中，主要用途是放大噪声环境中传感器输出的弱信号。对压力传感器或温度传感器信号的放大是常见的仪表用放大器的应用。

2. 仪表用放大器的特性

仪表用放大器具有如下一些特性：

（1）高共模抑制比　在需要抑制的输入信号频率范围内，包括在 50Hz 频率及其二次谐波频率范围内，仪表用放大器有很高的共模抑制比。

（2）具有低失调电压　由于仪表用放大器由两个独立的部分组成：输入级和输出级。总输出失调电压等于输入失调电压乘以增益加上输出放大电路（仪表用放大器内部的）失调电压。输入失调电压和输出失调电压的典型值分别为 $1\mu V/℃$ 和 $10\mu V/℃$。虽然初始失调电压可以通过外部调整调为零，但失调电压漂移不能通过调零来消除。

仪表用放大器的失调漂移也由两部分组成，即输入部分和输出部分，每一部分都对总误差起作用。当增益很大时，输入级的失调成为主要的失调误差源。

（3）高输入阻抗　为满足输入信号源的带负载能力，仪表用放大器的同相输入端和反相输入端的阻抗很高。输入阻抗的典型值为 $10^9 \sim 10^{12}\Omega$。

（4）低输入偏置电流和低失调电流误差　仪表用放大器具有两个输入端，大多数情况下，仪表放大器的两个输入端阻抗平衡并且阻值很高，其输入偏置电流和失调电流误差很低。例如，双极型输入仪表用放大器的偏置电流典型值为 $1 \sim 50nA$；而 FET 输入仪表用放大器的偏置电流的典型值为 $1 \sim 50pA$。

双极型输入仪表用放大器的偏置电流典型值为 $1 \sim 50nA$；而 FET 输入仪表用放大器的偏置电流的典型值为 $1 \sim 50pA$。

（5）低噪声　因为仪表用放大器处理的输入电压非常小，所以自身的噪声信号也应该非常小。

（6）低非线性　输入失调和增益误差都能通过外部调整来修正，但非线性是放大器固有的，不能由外部调整来消除。低非线性误差必须由仪表用放大器的结构设计来保证。非线性通常规定为在正满度电压与负满度电压及零电压条件下，测量仪表用放大器的误差占满度的百分数。对于一个高质量的仪表用放大器，其典型的非线性误差为 0.01%，有的甚至低于 0.0001%。

（7）带宽　仪表用放大器必须提供足够的带宽。因为典型的单位增益小信号带宽为 $500kHz \sim 4MHz$，所以在低增益时容易满足带宽需求，但是在较高增益时带宽会成为较大的问题。

（8）抑制共模信号　在仪表用放大器的应用中，通常都需要放大叠加在高共模电压之上的差分电压，这种共模电压可能是噪声、失调电压等。如果用运算放大器而不是仪表用放大器来实现，则只能简单地以相同的增益一起放大共模电压和信号电压。而仪表用放大器的最大优点是可以选择性地放大差分信号，同时抑制共模信号。

（9）调节增益简单　仪表用放大器调节增益很简单。通常采用一只外部增益电阻设置增益，但是外部电阻会影响电路的准确度并使增益随温度漂移。

3.6.2　三运放构成的精密放大器

1. 电路结构

通常仪表用放大器由输入与输出两级运放电路组成。如图 3-129 所示，可以在一个差分放大电路的前面设置两个高输入阻抗的缓冲器构成三运放精密放大器，这已经成为目前仪表用放大器设计中非常流行的结构。

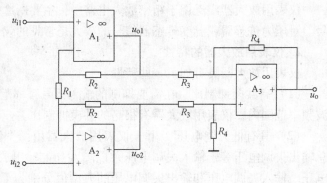

图 3-129　三运放构成的精密放大器

2. 工作原理

该电路的差分增益可以通过改变 R_1 进行调整。由于结构上的对称性，输入放大器的共模电压将被输出级的减法器消除。

利用虚短特性可知，流过电阻 R_1 的电流与流过电阻 R_2 的电流相同，故有

$$\frac{u_{o1} - u_{o2}}{R_1 + 2R_2} = \frac{u_{i1} - u_{i2}}{R_1}$$

$$u_{o1} - u_{o2} = \left(1 + \frac{2R_2}{R_1}\right)(u_{i1} - u_{i2})$$

A_3 组成差动放大器，所以电路的输出电压为　　$u_o = -\frac{R_4}{R_3}\left(\frac{1 + 2R_2}{R_1}\right)(u_{i1} - u_{i2})$

通过改变 R_1 的阻值，即可调节电压放大倍数。

3. 电路特点

1）该放大电路第一级是具有深度电压串联负反馈的电路，输入电阻很高，若 A_1 和 A_2 选用相同特性的运放，通过 A_3 组成的差分式电路可以形成很强的共模抑制能力和较小的输出漂移电压。

2）该电路有较高的差模电压增益，为进一步提高电路的性能，应严格挑选外电阻 R_1、R_2、R_3 和 R_4。

3.6.3　集成仪表用放大器

对三运放构成的精密放大器进行改进，同时采用激光微调的电阻与其他单片 IC 技术制作的放大电路称为集成仪表用放大器。由于有源器件和无源器件都在同一芯片内，所以能够

实现电阻的精密匹配，保证集成运放具有高共模抑制比以及在宽温度范围内优良的性能。

目前仪表用放大器已有多种型号的单片集成电路，下面以 AD620 来说明其应用。

1. AD620 简介

AD620 集成仪表用放大器功耗低、准确度高，是在原有的传统三片运放的基础上改进而来的。它采用绝对值校准，用户仅用一个外部电阻就可以实现对增益从 1 到 1000 任何要求的增益设置，另外其单片集成的工艺技术使得电路元器件间的匹配与跟踪都非常好。

（1）AD620 的外形及引脚说明　图 3-130 所示为 AD620 的外形及引脚，其中 1、8 引脚跨接一电阻 R_G 来调整放大倍率，4、7 引脚接正负工作电源，2、3 引脚接输入信号，6 引脚输出放大以后的信号，5 引脚接参考基准电压，若其接地，则输出为与地之间的相对电压。

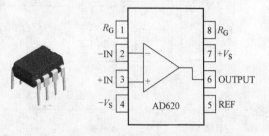

（2）AD620 的增益　其增益公式为

$$G = \frac{49.4\text{k}\Omega}{R_G} + 1$$

图 3-130　AD620 的外形及引脚

由此可以计算出各种增益所使用的电阻值，用户仅用一个外部电阻就可以实现对增益从 1 到 1000 任何要求的增益设置。

2. AD620 的应用及性能分析

（1）AD620 的特点　由于 AD620 体积小、功耗低、噪声小及供电电源范围广，在微弱信号的处理，也就是放大和消除噪声方面有着比较优秀的品质，特别适合应用到诸如传感器接口、心电图监测仪、压力传感器、超声仪等。AD620 还有一个偏置端，可以输出带偏置的信号，也可以用于程控放大等场合。

（2）AD620 组成的压力传感器电路　图 3-131 所示为 3kΩ、5V 电源供电的压力传感器电桥，在该电路中，电桥功耗为 1.7mA，AD620 与 AD705 缓冲电压驱动器对信号调节，使总供电电路仅为 3.8mA，同时该电路产生的噪声和漂移也极低。

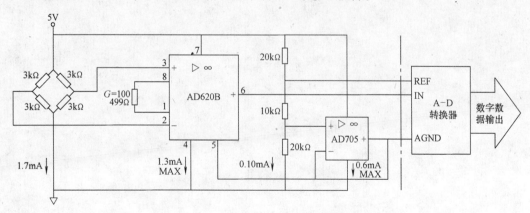

图 3-131　AD620 组成的压力传感器电路

（3）AD620 组成的简易心电仪　由于心电信号仅在毫伏数量级，是低频心电信号，而且信号源为高阻抗，所以电路往往会产生漂移及一些热噪声。图 3-132 所示电路选用 AD620 作为前置放大器，它的输入阻抗大、噪声低、漂移小，这样共模抑制比较符合要求。详细介绍请另行查阅相关资料。

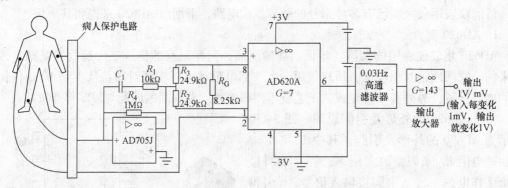

图 3-132　AD620 组成的简易心电仪

小结：

◆　仪表用放大器在出现较大共模电压时放大较小信号的同时，还需要抑制这些共模电压。

◆　仪表用放大器广泛应用于各类不同的市场，从电动机控制、热偶和桥式传感器到电流传感和医疗仪表都有应用。

思考与练习

完成设计任务：①根据查阅资料，设计一个仪表用放大器；②用仿真软件创建并调试电路。③测试电路的功能；④提交展示说明。

3.7　功率放大电路

- ➢ 功率放大电路简介
- ➢ 乙类双电源互补对称功率放大电路
- ➢ 甲乙类单电源互补对称功率放大电路
- ➢ 复合管互补对称大功率放大电路
- ➢ 功率放大电路的故障检修技巧
- ➢ 集成功率放大器

在电子设备中，多级放大电路的最后一级往往要带动一定的负载，如使扬声器发声、继电器动作、仪表指针偏转、电动机旋转等，为完成上述要求，末级放大电路不仅要输出大幅度的信号电压，而且还要给出大幅度的信号电流，即要求放大电路能向负载输出足够大的功率。这就是功率放大电路。

早期的功率放大电路多以晶体管构成，电路形式变化多样，设计调试也较复杂。随着半导体技术的飞速发展，近年来出现了很多功放集成电路和模块，功能更加完善，指标也更加出众，大大减少了设计、调试电路的工作量。虽然电路的形式大不相同，但都基于相同的原理。

3.7.1　功率放大电路简介

功率放大电路是一种以输出较大功率为目的的放大电路。因此，要求同时输出较大的电压和电流。一般可直接驱动负载，要求带负载能力强。晶体管常工作在接近极限状态。

1. 功率放大电路的分类

功率放大电路有 A 类、B 类、AB 类、D 类及 T 类。

（1）A 类放大电路　A 类放大电路也称甲类放大电路，在输入信号的整个周期内晶体管都处于导通状态，输出信号失真较小，但晶体管有较大的静态电流 I_{CQ}，管耗 P_C 大，电路能量转换效率低。这种状态下放大电路的效率最低，但非线性失真相对较小，一般用于对失真比较敏感的场合，比如 Hi-Fi 音响。

（2）B 类放大电路　B 类放大电路也称乙类放大电路，只能对半个周期的输入信号进行放大，非线性失真大，晶体管的静态电流 $I_{CQ}=0$，所以能量转换效率高。这种放大电路一般有两只互补的晶体管推挽工作，效率比甲类功放高，但是因放大电路有一段工作在非线性区域内，故其缺点是"交越失真"较大。即当信号在 $-0.6 \sim 0.6V$ 之间时，由于晶体管都无法导通而引起交越失真，所以这类放大电路也逐渐被设计师摒弃。

（3）AB 类放大电路　AB 类放大电路也称甲乙类放大电路。晶体管处于微导通状态，这样可以有效克服乙类放大电路的失真问题，且能量转换效率也较高，目前使用较广泛。

（4）D 类放大电路　D 类（即数字音频功率）放大电路是一种将输入模拟音频信号或PCM 数字信息变换成 PWM（脉冲宽度调制）或 PDM（脉冲密度调制）的脉冲信号，由脉冲信号去控制大功率开关电路件通/断音频功率放大电路，也称为开关放大电路。这种放大电路具有很高的效率，通常能够达到 85% 以上，且体积小、失真低、频率响应曲线好、外围电路元器件少，便于设计调试。

（5）T 类放大电路　T 类功率放大电路的功率输出电路及脉宽调制和 D 类功率放大电

相同，功率晶体管也是工作在开关状态，效率和 D 类功率放大电路相当。但它和普通 D 类功率放大电路不同的是：

1）它不是使用脉冲调宽的方法，而是使用一种称为数码功率放大电路处理电路（DigitalPowerProcessing，DPP）的数字功率技术，把通信技术中处理小信号的适应算法及预测算法用到这里。从而使音质达到高保真线性放大。

2）它的功率晶体管的切换频率不是固定的，无用分量的功率谱并不是集中在载频两侧狭窄的频带内，而是散布在很宽的频带上，使声音的细节在整个频带上都清晰可"闻"。

3）T 类功率放大电路的动态范围更宽，频率响应平坦。在高保真方面，其线性度与传统 AB 类功放相比有过之而无不及。

2. 功率放大电路的主要性能指标

（1）输出功率及安全工作条件　为了获得大的输出功率，加在功率晶体管上的电压、电流就很大，晶体管工作在大信号状态下。这样晶体管的安全工作就成为功率放大电路的一个重要问题，一般以不超过晶体管的极限参数（如最大集电极电流 I_{CM}、集-射极最大允许电压 U_{CEO}、集电极最大耗散功率 P_{CM}）为限度。

（2）转换效率　功率放大电路输出了较大的功率，同时自身也消耗了一部分能量。放大电路输出信号的功率与电源供给功率之比称为放大电路的效率，用 η 表示，即电源供给功率除了一部分会变成有用的信号功率外，剩余部分会变为晶体管的管耗 P_T（$P_T = P_V - P_o$，其中 P_V 为直流电源产生的功率，P_o 为电路输出功率）。如果放大电路的效率较低，不仅使电源供给功率增加，而且使晶体管管耗增加，甚至使其过热损坏，因此，提高效率也是功率放大电路研究的一个重要问题。

（3）失真　功率放大电路中信号摆动幅度很大，往往超出晶体管的线性工作区，很小的饱和、截止失真都会带来较大的非线性失真。因此减小非线性失真就成为功率放大电路研究的另一个问题。

3. 功率放大电路设计要求

1）对低频功率放大电路：输出功率尽可能大，非线性失真要小，效率要高，功率管的散热要好。

2）对家用影音功放和高保真功放的要求十分严格，在输出功率、频率响应、失真度、信噪比、输出阻抗和阻尼系数等方面都有明确的要求。有些指标要求是互相矛盾的，在设计放大电路时应根据具体要求，突出其中一些指标的同时，还要兼顾其他的指标。

4. 功率放大电路与电压放大电路的比较

功率放大电路与电压放大电路的比较见表 3-14。

表 3-14　功率放大电路与电压放大电路的比较

比较项	电压放大	功率放大
工作任务	放大电压、输出信号的电压足够大	放大功率，输出信号的功率足够大
技术指标	1. 不允许出现信号失真 2. 电压放大倍数足够大 3. 输入电阻要大 4. 输出电阻要小 5. 通频带要宽	1. 允许信号失真，但不能太大 2. 输出功率要大 3. 能量转换效率要高 4. 功放管的散热条件要满足要求
分析方法	1. 微变等效分析法 2. 图解法	图解法

小结：

◆ A 类、B 类和 AB 类放大电路是模拟放大电路，D 类和 T 类放大电路是数字放大电路。

◆ AB 类放大电路和 D 类放大电路是目前音频功率放大电路的基本电路形式。AB 类推挽放大电路比 A 类放大电路效率高、失真小，功放晶体管功耗较小，散热好。D 类放大电路具有效率高、失真低、频率响应曲线好、外围元器件少等优点。

◆ 选择功率放大电路的时候，要注意它的一些技术指标：

① 功率放大电路的输出功率要尽量大于扬声器的额定功率。

② 输入阻抗：通常表示功率放大电路的抗干扰能力的大小，一般会在 5000 ～ 15000Ω，数值越大表示抗干扰能力越强。

③ 失真度：指输出信号同输入信号相比的失真程度，数值越小质量越好，一般在 0.05% 以下。

④ 信噪比：是指输出信号当中音乐信号和噪声信号之间的比例，数值越大代表声音越干净。

3.7.2 乙类双电源互补对称功率放大电路

互补对称功率放大电路是集成功率放大电路输出级的基本形式。当它通过容量较大的电容与负载耦合时，由于省去了变压器而被称为无输出变压器（Output Transformerless）电路，简称 OTL 电路。若互补对称电路直接与负载相连，输出电容也省去，就成为无输出电容（Output Capacitorless）电路，简称 OCL 电路。

1. 电路结构

图 3-133 所示的 OCL 电路由一对 NPN 型、PNP 型特性相同的互补晶体管组成，采用正、负双电源供电和射极输出方式。由于静态下功放管 VT_1、VT_2 均不导通，故电路工作于乙类状态。

2. 工作原理

（1）静态分析 静态下功放管 VT_1、VT_2 均不导通，$U_o = 0$。

（2）动态分析 当输入信号为正半周时，$u_i > 0$，晶体管 VT_1 导通，VT_2 截止，在 R_L 上形成正半周输出电压，$u_o > 0$。当输入信号为负半周时，$u_i < 0$，晶体管 VT_2 导通，VT_1 截止，在 R_L 上形成负半周输出电压，$u_o < 0$。

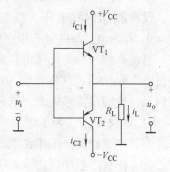

图 3-133 最简单的 OCL 应用电路

该电路选用两只特性相同的晶体管，使两只晶体管都工作在乙类放大状态。其中一只晶体管在信号正半周导通，另一只在信号负半周导通，两管交替工作，正、负电源交替供电，便在负载 R_L 上合成为完整的信号波形。

由于该电路中两只晶体管的导电特性互为补充，电路对称，因此该电路称为互补对称功率放大电路。

3. 最大输出功率、效率及管耗估算

1）最大输出功率 P_{om}：若忽略晶体管的饱和压降 U_{CES}，则 $P_{om} \approx \dfrac{1}{2}\dfrac{V_{CC}^2}{R_L}$。

2）直流电源提供的最大功率 P_V：若忽略晶体管的饱和压降 U_{CES}，则 $P_V = \dfrac{2}{\pi}\dfrac{V_{CC}^2}{R_L}$。

3）效率：若忽略晶体管的饱和压降 U_{CES}，则效率的最大值为

$$\eta_m = \frac{P_{om}}{P_V} \times 100\% = \frac{\pi}{4} \times 100\% \approx 78.5\%$$

4）管耗 P_T：

$$P_T = P_V - P_o = \frac{2}{\pi R_L} V_{CC} U_{om} - \frac{1}{2R_L} U_{om}^2$$

式中，P_o 为功放电路的实际输出功率；U_{om} 为功放电路的输出电压幅值。

当 $U_{om} = 0.63V_{CC}$ 时，晶体管消耗的功率最大，其值为

$$P_{Tm} = \frac{2V_{CC}^2}{\pi^2 R_L} = \frac{4}{\pi^2}P_{om} \approx 0.4P_{om}$$

则每只晶体管的最大功耗为

$$P_{T1m} = P_{T2m} = \frac{1}{2}P_{om} \approx 0.2P_{om}$$

说明每只晶体管集电极最大功耗仅为最大输出功率的 $1/5$。

4. 电路特点

1）电路由一对 NPN 型、PNP 型特性相同的互补晶体管组成，采用正、负双电源供电，采用射极输出方式，具有输入电阻高、输出电阻低的特点。同时，该电路的缺点是：存在交越失真。

2）交越失真：输出波形在正、负半周的交界处发生了失真（即在两管轮流工作的衔接处，呈现扭曲），如图 3-134 所示。

3）产生这种失真的原因：在乙类互补对称功率放大电路中，没有施加偏置电压，静态工作点设置在零点，$U_{BEQ} = 0$，$I_{BQ} = 0$，$I_{CQ} = 0$，晶体管工作在截止区。由于晶体管存在死区电压，当输入信号小于死区电压时，晶体管 VT_1、VT_2 仍不导通，输出电压 u_o 为零，这样在输入信号正、负半周的交界处，无输出信号，使输出波形失真，这种失真叫交越失真。

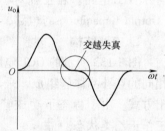

图 3-134　交越失真示意图

4）解决方法：为了解决交越失真，可给晶体管加适当的基极偏置电压，使之工作在甲乙类工作状态。由于甲乙类功率放大器的静态电流一般很小，与乙类工作状态很接近，因而甲乙类互补对称功率放大电路的最大输出功率、效率以及管耗等量的估算均可按乙类电路有关公式进行。

5. 甲乙类双电源互补对称电路（改进型）

（1）采用二极管作为偏置电路的甲乙类双电源互补对称电路　如图 3-135 所示，VD_1、VD_2 上产生的压降为互补输出级 VT_1、VT_2 提供了一个适当的偏压，使之处于微导通的甲乙类状态。电路对称时，负载上的直流电压为 0。

（2）利用恒压源电路进行偏置的甲乙类双电源互补对称电路（集成电路中经常采用的一种方法）　如图 3-136 所示，VT_4 的 U_{CE} 相当于一个不受交流信号影响的恒定电压源，只要适

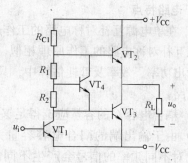

图 3-135 采用二极管作为偏置电路 图 3-136 利用恒压源电路进行偏置

当调节 R_1、R_2 的比值，就可改变 VT_1、VT_2 的偏压值，这是集成电路中经常采用的一种方法。这种电路称为 U_{BE} 扩大电路。

6. 功放管的选取

1）对于 OCL 电路，为保证功放管在电路里能正常工作，应满足如下条件：

① 集电极最大允许功耗 $P_{CM} > 0.2P_{om}$。

② 集-射极最大允许电压 $|U_{CEO}| > 2V_{CC}$。

③ 集电极最大允许电流 $I_{CM} > V_{CC}/R_L$。

2）功率放大电路的散热十分重要，它关系到电路能否输出足够大的功率和安全工作等问题。为保证功率晶体管散热良好，通常晶体管有一个大面积的集电结并与热传导性能良好的金属外壳保持紧密接触。在很多实际应用中，还要在金属外壳上再加装散热片，甚至在机箱内功率管附近安装冷却装置。

动手试试："技能训练 3-11 低频功率放大电路的测试与研究"。

3.7.3 甲乙类单电源互补对称功率放大电路

常见 OTL 应用电路如图 3-137 所示，采用单电源供电，只需在两管发射极与负载之间接入一个大容量电容 C 即可，这种电路通常又简称 OTL 电路。

1. 电路结构

1）VT_1、VT_2 的特性一致。

2）一只晶体管为 NPN 型、另一只为 PNP 型，两只管均接成射极输出器。

3）输出端有大电容 C。

4）单电源供电。

2. 工作原理

调整 R_2，使 N 点对地电压 $U_N = V_{CC}/2$，即令电容上的电压为 $U_C = V_{CC}/2$。

当 u_i 为负半周时，VT_1 导通，VT_2 截止，在 R_L 上形成正半周输出电压。

当 u_i 为正半周时，VT_2 导通，VT_1 截止，在 R_L 上形成负半周输出电压。此过程中已充电的 C 起着负电源的作用。

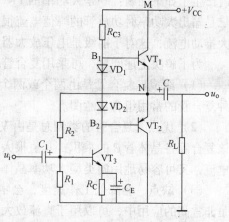

图 3-137 常见 OTL 应用电路

3. 电路特点

1）在单电源互补对称电路的工作过程中，除 C 代替一组电源外，其工作原理与正、负双电源互补对称电路的工作原理相似，不同之处只是输出电压幅度由 V_{CC} 降为 $V_{CC}/2$，因而最大输出功率、效率及管耗估算中，只要将 V_{CC} 改为 $V_{CC}/2$，就可用于单电源互补对称功率放大电路。

2）耦合电容 C 的容量应选得足够大，使电容 C 的充放电时间常数远大于信号周期。

3）由于输出端的耦合电容容量大，则电容内的铝箔卷绕圈数多，呈现的电感效应大。它对不同频率的信号会产生不同的相移，输出信号会有附加失真，这是 OTL 电路的缺点。

> **小结：**
>
> 1）为提高效率，功率放大电路常工作在乙类、甲乙类状态，并利用互补对称结构使其不失真。主要指标：输出功率、效率和非线性失真。理论上，最大输出效率可达 78.5%，实际约 60%。
>
> 2）OTL 电路：不再用输出变压器，而采用输出电容与负载连接的互补对称功率放大电路，只要输出电容的容量足够大，电路的频率特性也能保证，是目前常见的一种功率放大电路。它的特点是：采用互补对称电路，有输出电容，单电源供电，电路轻便可靠。
>
> 3）OCL 电路。它是一种没有输出电容的互补对称功率放大电路，电路轻便，便于电路的集成化。该电路的特点是：双电源供电、不需输出电容、频率特性好、可以放大缓慢变化的信号。

3.7.4　复合管互补对称大功率放大电路

1. 复合管

互补对称电路中，若要求输出较大功率，则要求功放管采用中功率或大功率晶体管。这就产生了如下问题：一是大功率的 PNP 型和 NPN 型两种类型管子之间难以做到特性一致；二是输出大功率时功放管的峰值电流很大，而功放管的 β 不会很大，因而要求其前置级有较大推动电流，这对于前级是电压放大器的情况是难以做到的。

为了解决上述问题，可采用复合管互补对称电路。

（1）组成　复合管是由两个或两个以上晶体管按一定的方式连接而成的。图 3-138 为四种复合管的常用组合示意图。

（2）优点　复合管的类型总是由 VT_1 管来决定的。复合管的电流放大系数，近似为组成该复合管各晶体管 β 的乘积，其值很大。因而，采用复合管作为功放管，既可降低前级推动电流，又可容易地用同类型大功率晶体管组成配对的 NPN 型和 PNP 型管。

（3）缺点　会降低工作速度，会牺牲温度稳定性以及等效穿透电流。在准确度要求不是非常高的应用中，可以用于直流放大、电平位移、大功率晶体管极性更改等。在工作点计算时，应将两者的 h 参数电路正确组合起来考虑。尤其要注意穿透电流的不良影响。

2. 常见的复合管互补对称大功率放大电路

图 3-139a 电路中为同类型管组成的复合管，它能降低对前级推动电流的要求。不过，

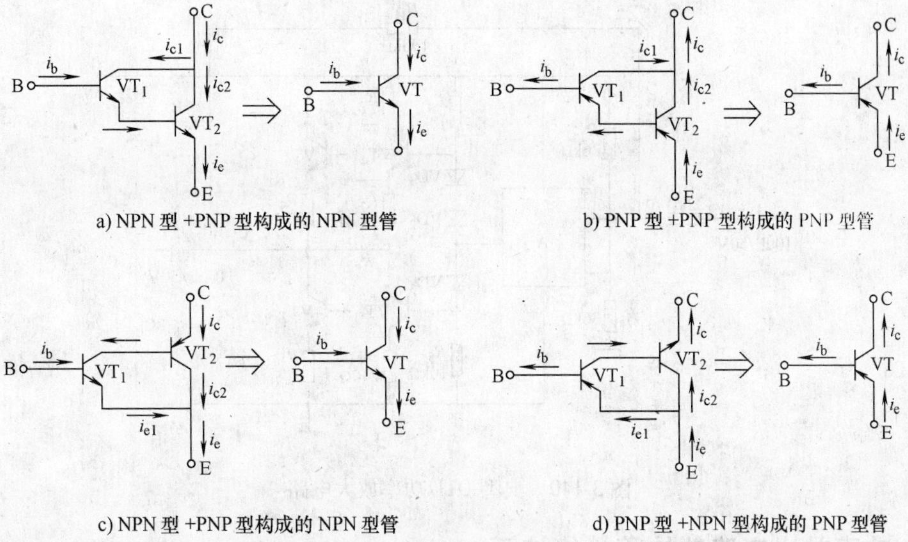

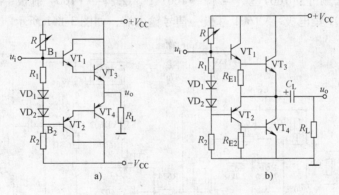

a) NPN 型 +PNP 型构成的 NPN 型管　　　　　　b) PNP 型 +PNP 型构成的 PNP 型管

c) NPN 型 +PNP 型构成的 NPN 型管　　　　　　d) PNP 型 +NPN 型构成的 PNP 型管

图 3-138　四种复合管的常用组合示意图

其直接向负载 R_L 提供电流的两个末级对管 VT_3、VT_4 的类型仍然不同，大功率情况下两者很难选配到完全对称。

图 3-139b 电路中两个末级对管是同一类型的（图中均为 NPN 型），因而比较容易配对。这种电路又称为准互补对称电路，电路的作用和一般的单管放大电路一样。电路中 R_{E1}、R_{E2} 的作用是使 VT_3 和 VT_4 能有一个合适的工作点。

图 3-139　复合管互补对称大功率放大电路

3. 典型应用案例

图 3-140 所示为典型 OTL 功率放大电路。

工作原理：

1）静态时，$VT_4 \sim VT_7$ 微导通，且输出端直流电路 $I_{E6} = I_{E7}$，中点电位为 $V_{CC}/2$，$U_o = 0V$。

2）当输入信号 u_i 为负半周时，推动 VT_4、VT_6 管导通，VT_5、VT_7 管趋于截止，电流 i_{E6} 自上而下流经负载，输出电压 u_o 为正半周。当输入信号 u_i 为正半周时，VT_4、VT_6 管趋于截止，VT_5、VT_7 管依靠 C_2 上的存储电压（$V_{CC}/2$）进一步导通，电流 i_{E7} 自下而上流经负载，输出电压 u_o 为负半周。

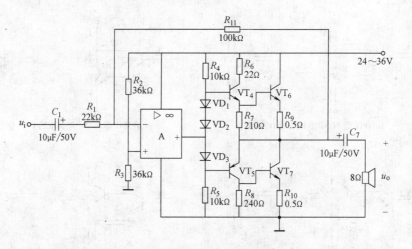

图 3-140 典型 OTL 功率放大电路

3.7.5 功率放大电路的故障检修技巧

1. 采用干扰信号注入法确定故障部位

将万用表置于电阻"$R \times 1k$"档,并将其红表笔接地,用黑表笔从扬声器到功放再向前逐级触击电路的输入端,若能听到扬声器发出的"咯咯"干扰声,说明这之后的电路是正常的,反之,若某一处听不到扬声器发出的"咯咯"干扰声,说明故障就出在之后部分的电路。

干扰信号注入顺序:T661③、④脚→T661①、②脚→VT604 射极→VT602 集电极→VT602 基极→VT601 集电极→VT601 基极→信号输入端,如图 3-141 所示。

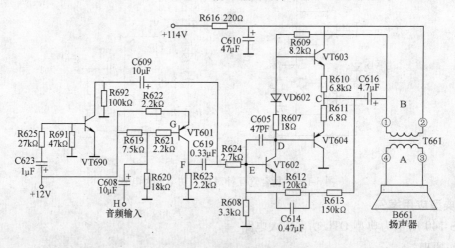

图 3-141 案例检测示意图

2. 用电压、电阻测量法找出有故障的元器件

1)当故障部位确定后,再通过电压、电阻测量法在故障部位找出有故障的元器件。如确定故障部位是静噪电路,则最常见的是 VT690 的 C-E 击穿,使送至功率放大电路的音频信号被 C609 短路,从而造成无声音的现象。可以通过测 VT690 的 C-E 间的电阻值来检查 C-E 是否击穿。

2）重要提示：VT603、VT604 的发射极电压测量十分重要，此电压称为推挽管中点电压，此电压通常是电源电压的一半（48V）。如果此电压正常，则通常 VT602、VT603、VT604 及周围电阻均正常。检测方法如图 3-142 所示。

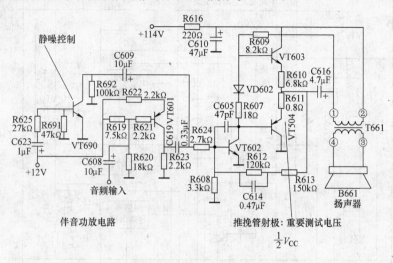

图 3-142　电压检测示意图

3.7.6　集成功率放大器

集成功率放大器有高频功放和低频功放之分，用在收音机、录音机和扩音机等音频设备中的功放是低频功放。

集成功率放大器使用时不能超过规定的极限参数，极限参数主要有功耗和最大允许电源电压。集成功率放大器要加有足够大的散热器，保证在额定功耗下温度不超过允许值。

1. TDA2030A 音频集成功率放大器

TDA2030A 是国际通用高保真音频集成功率放大器，是目前使用较为广泛的一种集成功率放大器，其外形及引脚如图 3-143 所示，与其他功率放大器相比，它的引脚和外部元器件都较少。

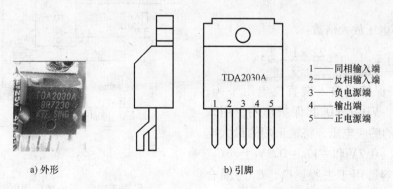

a) 外形　　　　　　　　　b) 引脚

图 3-143　TDA2030A 的外形及引脚

TDA2030A 的内部电路如图 3-144 所示，该电路的电气性能稳定，并在内部集成了过载和热切断保护电路，能适应长时间连续工作，使用起来很方便，TDA2030A 音频集成功率放大器使用于收录机和有源音箱中，用作音频功率放大器，也可用作其他电子设备中的功率放大，因其内部采用的是直接耦合，亦可以作直流放大。

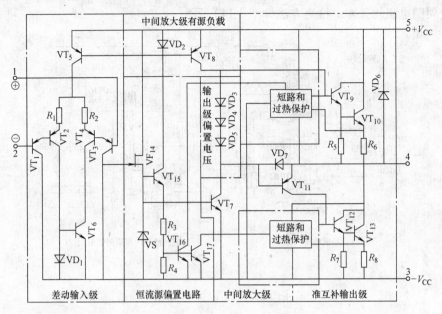

图 3-144　TDA2030A 的内部电路

由于集成功放电路在工作时将会产生大量的热量，因此必须为它们装上散热片，通过散热片的大小，可初步判断功放集成电路的功率大小，功率越大的集成功放电路，其散热片理应随之更大。

2. TDA2030A 音频集成功率放大器的典型应用

（1）双电源应用电路　双电源应用电路如图 3-145 所示。

1）电路工作原理：输入信号 u_i 由同相端输入，R_1、R_2、C_2 构成交流电压串联负反馈。

2）闭环电压放大倍数：

$$A_{uf} = 1 + \frac{R_1}{R_2} = 1 + \frac{22 \times 10^3}{680} \approx 33$$

3）为了保持两输入端直流电阻平衡，选择 $R_3 = R_1$。VD_1、VD_2 起保护作用，用来泄放 R_L 产生的感应电压，将输出端的最大电压钳位在 $V_{cc} + 0.7V$ 和 $-V_{cc} - 0.7V$ 上。C_3、C_4 为去耦电容，用于去噪。C_1、C_2 为耦合电容。

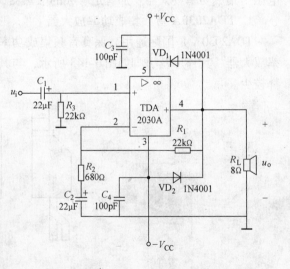

图 3-145　双电源应用电路

（2）单电源（OTL）应用电路　单电源应用电路如图 3-146 所示。

对仅有一组电源的中、小型录音机的音响系统，可采用单电源连接方式。用阻值相同的 R_1、R_2 组成分压电路，使 K 点电位为 $V_{cc}/2$，在静态时，同相输入端、反向输入端和输出端

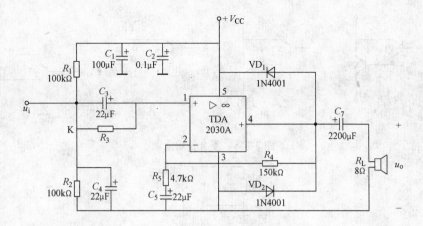

图 3-146　单电源应用电路

皆为 $V_{CC}/2$。其他元器件作用与双电源电路相同。

> **小结：**
> ◆ 为解决中大功率管互补配对问题和提高驱动能力，常利用互补复合管获得大电流增益和较为对称的输出特性，形成实际电路中经常使用的准互补功率放大器。
> ◆ 集成功放由于成本低，使用方便，因而广泛应用于收音机、录音机、电视机及伺服系统中的功率放大部分。

思考与练习

1. 在图 3-147 所示电路中，测量时发现输出波形存在交越失真，应如何调节？如果 K 点电位大于 $V_{CC}/2$，又应如何调节？

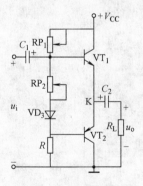

图 3 147　单电源应用电路

2. 试判断图 3-148 中的复合管复合是否合理。对于合理的，请判断出复合后的管型来。

3. 已知电路如图 3-149 所示，VT_1 和 VT_2 管的饱和管压降 $|U_{CES}| = 3V$，$V_{CC} = 15V$，$R_L = 8\Omega$。

（1）电路中 VD_1 和 VD_2 管的作用是消除_____。

（2）静态时，晶体管发射极电位 $V_{EQ} = $_____。

（3）最大输出功率 $P_{om} = $_____。

4. 对图 3-149 所示电路，若已知 $V_{CC} = 16V$，$R_L = 4\Omega$，VT_1 和 VT_2 管的饱和管压降 $|U_{CES}| = 2V$，输入电压足够大。试问：

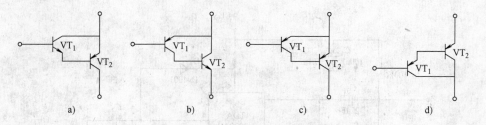

a)　　　　　b)　　　　　c)　　　　　d)

图 3-148　复合管示意图

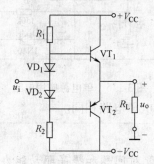

图 3-149　思考与练习 3 电路

（1）最大输出功率 P_{om} 和效率 η 各为多少？

（2）晶体管的最大功耗 P_{Tmax} 为多少？

（3）为了使输出功率达到 P_{om}，输入电压的有效值约为多少？

技能训练 3-11   低频功率放大电路的测试与研究

实验平台：虚拟实训室。

实验目的：

1）熟悉功率放大电路的组成及工作原理。

2）熟悉功放电路器件的选择及性能参数修改。

3）通过实验，了解功率放大器的测试方法及功能验证方法。

4）熟悉静态测试及动态测试步骤。

实验电路：电路如图 3-150 所示。

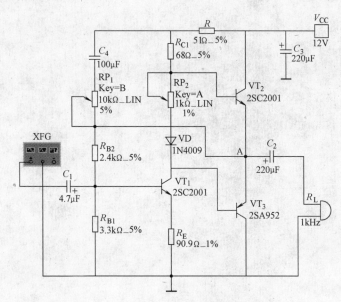

图 3-150   低频功率放大电路的实训电路

实验仪器：

1）信号发生器：用于产生电路的输入电压 40mV/50Hz。

2）示波器：用于观察电路的输入电压和输出电压波形。

3）万用表：用于直流电压的测量。

实验步骤：

1）按图 3-150 搭建电路，并了解电路的组成及功能。

2）选择合理的仪器进行测试，并记录主要步骤及数据。

① 学会设置扬声器参数：应根据输入信号的频率及输出信号的幅值（用仪器测出）来设置扬声器的参数。

② 调节 RP1，使 A 点的电压为 $\frac{1}{2}V_{CC}$。

③ 估算并测出功放的输出功率 P_o：
$$P_o = \frac{U_o^2}{R_L} = U_o I_o$$

式中，U_o 为功放电路输出电压有效值。

④ 估算并测出直流电源供给的平均功率：$P_v = V_{CC} I_{DC}$

式中，I_{DC} 为直流电源输出电流。

⑤ 求出效率 η：$\eta = \dfrac{P_o}{P_v} \times 100\%$

⑥ 改变信号发生器的信号频率，倾听扬声器声音的变化。

实验结论：

_____ 。

技能训练 3-12　　OTL 功率放大电路板的测试

实验平台：电子技术实训室。

实验目的：

1）会读图，了解互补对称功率放大电路的结构特点。

2）熟悉互补对称功率放大电路的主要性能指标测试及调试方法。

实验电路：OTL 电路板电路如图 3-151 所示。

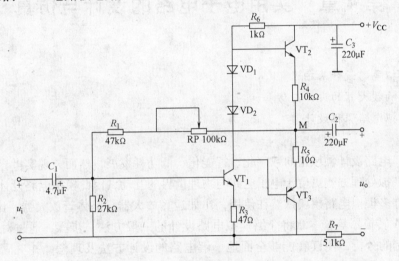

图 3-151　　OTL 电路板电路

实验仪器：

OTL 电路板、直流稳压电源、示波器、信号发生电路、万用表。

实验步骤：

1）调整直流工作点，使 M 点电位为 $0.5V_{CC}$。

2）测量最大不失真输出功率和效率。

3）改变电源电压 V_{CC}（如由 12V 变为 6V），测量并比较输出功率和效率。

4）比较放大器在带 5.1kΩ 和 8Ω 负载（扬声器）时的功耗和效率。

实验结论：

综 合 篇

第 4 章   实用电子电路的设计与仿真

4.1   模拟电路设计基础
4.2   音响放大器的设计与仿真
4.3   模拟电路课程设计

近年来，电路设计领域正向数字化、智能化、低功耗发展，然而，现实世界是个模拟的空间，使用模拟处理方式更便于电子电路与物理世界的互动，因此模拟电路设计仍然是无处不在。如今许多模拟电路模块依然在使用，比如运算放大器、晶体管放大器、比较器、A-D转换器和 D-A 转换器等。本章将介绍模拟电路设计的一般方法、步骤，通过对一个音响放大器设计案例的分析，使读者能够全面地了解电路的设计方法及理念，并巩固前面所学知识。本章最后给出的设计课题可供读者综合训练时参考。

技能训练项目

音响放大器的设计与仿真

4.1   模拟电路设计基础

➢   模拟电路的分析与设计
➢   模拟电子技术的应用

4.1.1   模拟电路的分析与设计

1. 模拟电路的分析方法

（1）手工计算与计算机仿真   传统的模拟电路课程教材中，模拟电路的分析是以手工计算为主的，但在实际设计中，则是以计算机软件支持下的分析方法为主。现在有大量的计算机模拟电路分析软件，这些软件具有多种分析方法，可以快速计算出各种电路参数，并能够仿真实际模拟电路的运行。本书中采用的 Multisim 软件就是非常优秀的电路分析软件，该软件有很多分析功能，利用这些功能可以对电路进行各种分析。

用计算机软件分析模拟电路可以达到事半功倍的效果。难以理解的电路可以通过分析得以理解，设计完成的电路可以通过分析验证电路参数和技术指标的准确性。

（2）电路仿真软件　目前，能够分析电路的软件很多，除了 Multisim 软件之外，还有 Pspice、Tina Pro 等很多软件，这些软件都很好，都能够帮助分析和仿真模拟电路。

2. 模拟电路的设计步骤

按照电路特性来设计电路的结构和参数，就是电路设计。电路设计是电路分析的逆过程，分析的结果可能是一个，但是设计电路的结果可能是多个，这是电路设计的特点。

电路种类很多，电阻、电容、晶体管、运放等元器件只要适当组合，就可以组成各种功能的电路。模拟电路的设计步骤如下：

（1）选择电路结构与参数　各种各样的电路结构很多，选择什么样的电路结构，这是设计时首先遇到的问题。一般来说，多看、多了解别人的选择，或是参考市场上已有的成熟方案从中进行选择都是常见的方法。对于集成运放加外围元器件的现代电路构成方法，最好到运放厂商的网站获得与运放有关的资料与外围元器件搭配原理图，这也是找到合适电路结构的捷径。

当然，参考的电路往往不能满足所设计电路的功能，还需要经过无数次的结构与参数修改，直到满足所有需求。实际上，选择、计算获得的电路参数都是初步参数，最后的参数只有通过实验才能得到。

总之，电路结构的选择没有一定的规律，需要有分析电路的基础，还需要有经验、有资料。

（2）在计算机软件支持下的模拟电路设计　计算机软件分析电路的能力很强，可以在电路结构和元器件参数选择过程中验证电路结构和元器件参数的正确性，如今计算机软件分析与仿真已成为设计电路中的一个重要环节，只要有可能，应该对电路各个部分进行验证。虽然说验证正确的电路未必能够实际实现，但可以说，验证结果不正确的电路一般是实现不了的。

（3）设计、调试实验电路板　当选择好电路参数后，应该用电路板画图软件根据电路原理图绘出电路板，再送交电路板制作公司完成电路板制作，然后安装元器件，进行样板测试与调试，直到能够实现电路的功能，才能最后确定电路结构与参数。如果电路很简单，也可以使用焊盘板或是面包板直接搭建电路进行测试与调试。

4.1.2　模拟电子技术的应用

1. 模拟电路设计的范围

1）在电路系统设计中，模拟电路设计所占比例及开销如图 4-1 所示。

2）模拟电路设计主要涉及的范围：①功能设计（放大、变换、控制、信号产生）。②关键技术指标的实现与验证（噪声、失真、增益、带宽、阻抗……）。③模-数转换、数-模转换及其接口。

2. 模拟电子技术的应用

（1）模拟电子技术的发展　近年来，电路设计领域正不可阻挡地

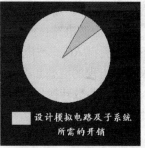

图 4-1　模拟电路设计所占比例及开销

向数字化、智能化、低功耗发展。然而，现实世界是个模拟的空间，使用模拟处理方式更便于电子电路与物理世界的互动，因此模拟电路设计仍然是无处不在的，如今许多模拟电路模块依然在使用，比如运算放大器、晶体管放大器、比较器、A-D 转换器和 D-A 转换器等。

（2）模拟电子技术在汽车胎压及温度检测系统中的应用　汽车胎压及温度检测系统简称为 TPMS，主要由发射模块与接收显示模块组成。接收显示模块安置于汽车驾驶室内的仪表台上，主要完成压力阈值的设定、信息的无线接收、数据的处理、报警控制。发射模块则是安装在轮胎内的轮毂上，主要完成胎压和温度数据的采集以及数据的初步处理。图 4-2 为一个 TPMS 的组成实物图。

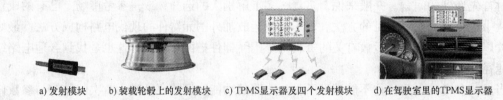

　　a) 发射模块　　b) 装载轮毂上的发射模块　　c) TPMS显示器及四个发射模块　　d) 在驾驶室里的TPMS显示器

图 4-2　TPMS 的组成实物图

TPMS 的发射模块：发射模块由压力传感器、温度传感器、信号调理电路、A-D 转换电路、单片机及射频发射器组成，其基本组成框图如图 4-3 介绍：

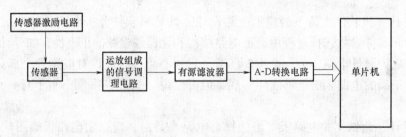

图 4-3　发射模块基本组成框图

1）传感器：传感器由敏感元器件与相关电路组成，用于检测非电物理量压力及温度，并转换为电量信号输入到运放电路。

2）传感器激励电路：传感器激励电路即是传感器的电源，例如，当传感器电路是电桥时，它为电桥提供稳定的电压源或是电流源；而对于热敏电阻传感器，则需要它作为稳定的电流源使电阻转换成电压。

3）信号调理电路：信号调理电路的功能为弱信号放大与电平移位，目的是使放大器正常工作，使信号满足模-数转换器（A-D 转换器）输入的需求。

4）滤波电路：滤波电路常用于改善信号质量，以满足 A-D 转换器的需求。大部分情况下使用无源 RC 滤波电路就足够了，但在有些场合，需要使用有源滤波电路消除 A-D 转换器采样时出现的混叠频率噪声，使 A-D 转换器转换出的数值更准确。

5）模-数转换器：模-数转换器（A-D 转换器）将模拟信号转换成数字信号，然后送到单片机中进行数据处理。

6）单片机：用于控制数据采集及数据处理的核心。最终数据将通过射频发射器发射出去，以供 TPMS 接收显示系统处理及显示。单片机可以实现很多功能，例如传感器断线检测、超限报警、标度转换等。

　　单片机与种类繁多的控制对象一起，组成了各种各样的嵌入式系统，改变着人们的生活，而模拟电子技术则是联系单片机与控制对象之间的纽带。

思考与练习

　　请简述模拟电路设计的主要步骤并熟悉一件电子产品的设计要求及设计过程。

4.2 音响放大器的设计与仿真

 ➢ 音响放大器的设计要求
 ➢ 音响放大器的组成及总体设计
 ➢ 音响放大器各组成部分的具体设计
 ➢ 音响放大器的仿真验证

本节以一个典型模拟电路即音响放大器的设计案例为例,使大家了解音响放大器的组成,掌握音响放大器的设计及仿真验证方法,并学会综合运用所学的知识对实际问题进行分析和解决。

4.2.1 音响放大器的设计要求

收录机和电视机、扩音机等电器中都有音响功率放大器,这类放大器过去大都由分立元器件电路组成。随着集成功率放大器的出现,集成音响功率放大器因具有工作稳定、性能好、易于安装调试、成本低等优点,故得到广泛应用。本节就是介绍集成功率放大器加上语音放大器、混合前置放大器、音调控制器构成的音响放大器,其设计要求及技术指标如下:

1. 设计要求

设计一个音响放大器,要求具有音调输出控制、能对传声器与录音机的输出信号进行扩音的功能。其中已知条件: $+V_{CC} = 9V$,传声器(低阻 20Ω)的输出电压为 5mV,录音机的输出信号为 100mV。

2. 主要技术指标

电路要求达到的主要技术指标如下:

1)输出功率: $P_o = 0.5W$,且相对误差 ≤10%。

2)负载阻抗: $R_L = 20\Omega$。

3)频率响应: $f_L \sim f_H = 100Hz \sim 10kHz$。

4)音调控制特性: 1kHz 处增益为 0dB,100Hz 和 10kHz 处有 ±12dB 的调节范围, $A_{uL} = A_{uH} \geqslant 20dB$。

5)输入阻抗: $R_i \gg 20k\Omega$。

4.2.2 音响放大器的组成及总体设计

(1)音响放大器的基本组成框图 音响放大器的基本组成框图如图 4-4 所示。从图中可以看到,音响放大器主要由语音放大器、混合前置放大器、音调控制器和功率放大器等电路组成。如需卡拉 OK 的伴唱效果更好,可加接电子混音器,此内容可自行参阅相关资料。

设计时,首先确定整机电路的级数,再根据各级的功能及技术指标要求分配各级的电压增益,然后分别计算各级电路参数,通常从功放级开始向前级

图 4-4 音响放大器的基本组成框图

逐级计算。本题需要设计的电路为语音放大器、混合前置放大器、音调控制器和功率放大器。

（2）确定整机电路级数并分配各级电压增益　通常传声器输入的信号较弱，根据设计要求，若输入信号为 5mV 时，输出功率最大，且值为 1W。因此电路系统总电压增益为 $A_u = \sqrt{P_o R_L}/u_i = 565(55\text{dB})$。由于实际电路中会有损耗，应留有裕量，故取 $A_u = 600$（55.6dB）。

各级增益分配：

1）音调控制器在 $f = 1\text{kHz}$ 时，增益为 1（0dB），但实际电路有可能衰减，取 $A_{u3} = 0.8(-2\text{dB})$。

2）功率放大器电路增益应较大，取 $A_{u4} = 100(40\text{dB})$。

3）混合前置放大器采用集成运放组成，增益不宜过大，取 $A_{u2} = 1$。

4）语音放大器，采用集成运放电路构成，其增益与各级增益的关系为

$$A_{u1} = \frac{A_u}{A_{u4} A_{u3} A_{u2}} = 7.5(17.5\text{dB})$$

音响放大器各级增益分配如图 4-5 所示。

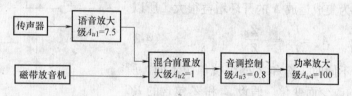

图 4-5　音响放大器各级增益分配

4.2.3　音响放大器各组成部分的具体设计

1. 语音放大器

由于传声器的输出信号一般只有 5mV 左右，而输出阻抗达到 20kΩ（亦有低输出阻抗的传声器，如 20Ω、200Ω 等），所以要求语音放大器的输入阻抗应远大于传声器的输出阻抗，而且能不失真地放大声音信号，频率也应满足整个放大器的要求。因此，语音放大器可采用集成运放组成的同相放大器构成。同相放大器的输入阻抗高，完全能够满足语音放大的阻抗要求，具体电路如图 4-6 所示。图中，R_f、R_1 的值由增益 $A_{uf} = 1 + \dfrac{R_f}{R_1}$ 决定，电路略去了同相输入端的平衡电阻。

2. 混合前置放大器

混合前置放大器的主要作用是将磁带放音机的音乐信号与语音放大器的输出声音信号进行混合放大，可采用反相加法器实现，具体电路如图 4-7 所示。

图中输出电压与输入电压之间的关系为

$$u_o = -\left(\frac{R_f}{R_1}u_{i1} + \frac{R_f}{R_2}u_{i2}\right) \tag{4-1}$$

式中，u_{i1} 为传声器放大器的输出信号；u_{i2} 为放音机的输出信号。另外，图中的 R' 是平衡电阻，大小为 $R' = R_1 /\!/ R_2 /\!/ R_f$。

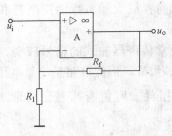

图 4-6　语音放大器电路

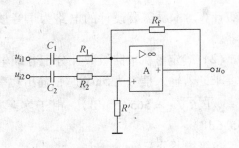

图 4-7　混合前置放大器电路

3. 音调控制器

常用的音调控制器电路有三种：①衰减式 RC 音调控制电路，其调节范围较宽，但容易产生失真；②反馈型音调控制电路，其调节范围小一些，但失真小；③混合式单调控制电器，其电路较复杂，多用于高级收录机中。为了使电路简单、信号失真小，通常采用反馈型音调控制电器。

反馈型音调控制电路设计原理图如图 4-8 所示。图中，Z_1 和 Z_f 是由 RC 组成的网络，为方便分析，采用相量表示。因为集成运放 A 的开环增益很大，所以

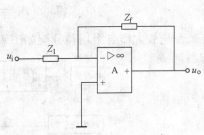

$$\dot{A}_{uf} = \frac{\dot{U}_o}{\dot{U}_i} \approx -\frac{Z_f}{Z_1} \qquad (4-2)$$

当信号频率不同时，Z_1 和 Z_f 的阻抗值也不同，所以 A_{uf} 随着频率的改变而变化。假设 Z_1 和 Z_f 包含的 RC 元件不同，可以组成四种不同形式的电路，如图 4-9 所示。

图 4-8　反馈型音调控制电路设计原理图

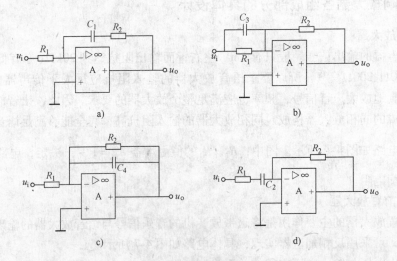

图 4-9　反馈型音调控制电路的四种形式

如果将图 4-9 所示的四种电路形式组合在一起，即可得到反馈型音调控制电路，如图 4-10所示。图中，C_i 和 C_o 分别为输入、输出耦合电容，C_1 和 C_2 为低音控制电容，C_3 为高音控制电容，且要求 $C_1 = C_2 \gg C_3$。因此，在中、低音频区，C_3 可视为开路；在中、高音频区，C_1、C_2 可视为短路。

下面按中音频区、低音频区和高音频区三种情况分别对图 4-10 所示的音频控制电路进行分析。为了简化计算，在下述分析中假设：

$$R_1 = R_2 = R_3 = R,\ R_{P1} = R_{P2} = 9R \tag{4-3}$$

（1）中音频区　在中音频区，C_1、C_2 可近似为短路，所以 R_{P1} 的阻值可视为 0，又 C_3 视为开路，故原电路图 4-10 可等效为图 4-11 所示电路。

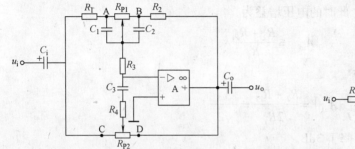

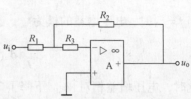

图 4-10　反馈型音调控制电路　　　　　　图 4-11　音调控制电路在中音频区时的等效电路

根据集成运放输入端满足"虚短"和"虚新"的条件可得，此时电路的电压增益为

$$\dot{A}_{um} = \frac{R_2}{R_1} = -1 \tag{4-4}$$

式（4-4）表明，中音频区的电压增益为 1（0dB），不放大也不衰减，满足幅频特性在中频段的要求。

（2）低音频区　在低音频区，C_3 可视为开路，反馈网络主要由上半部分起作用。因为集成运放的开环增益很高，放大器输入阻抗很大，输入端满足"虚短"和"虚断"的条件，所以 R_3 的影响可以忽略。当电位器的滑动移到 A 点时，C_1 被短路，其等效电路如图 4-12a 所示，对应于低音提升最大的情况。增益函数的表达式为

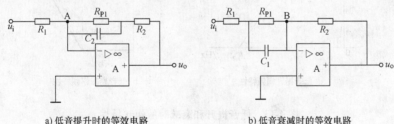

a）低音提升时的等效电路　　　　　　b）低音衰减时的等效电路

图 4-12　音调控制电路在低音提升和衰减时的等效电路

$$\dot{A}_{uL} = -\frac{R_2 + \left(R_{P1} \ /\!/\ \dfrac{1}{j\omega C_2}\right)}{R_1} = -\frac{R_2 + R_{P1}}{R_1} \times \frac{1 + j\omega \dfrac{R_2 R_{P1} C_2}{R_2 + R_{P1}}}{1 + j\omega R_{P1} C_2} \tag{4-5}$$

令

$$\omega_{L1} = 2\pi f_{L1} = \frac{1}{R_{P1} C_2} \tag{4-6}$$

$$\omega_{L2} = 2\pi f_{L2} = \frac{R_2 + R_{P1}}{R_2 R_{P1} C_2} \tag{4-7}$$

得
$$\dot{A}_{uL} = -\frac{R_2 + R_{P1}}{R_1} \times \frac{1 + j\dfrac{\omega}{\omega_{L2}}}{1 + j\dfrac{\omega}{\omega_{L1}}} \tag{4-8}$$

根据前述的假设 $\dfrac{R_2 + R_{P1}}{R_1} = 10$，且 $f_{L2} = 10 f_{L1}$，可以看出：

当 $f < f_{L1}$，C_2 可视为开路，此时的电压增益为
$$|\dot{A}_{uL}| = \frac{R_2 + R_{P1}}{R_1}$$

当 $f = f_{L1}$ 时，电压增益的模为
$$|\dot{A}_{u1}| = \frac{R_2 + R_{P1}}{\sqrt{2}R_1} = \frac{|\dot{A}_{uL}|}{\sqrt{2}}$$

此时，电压增益相对 $|\dot{A}_{uL}|$ 下降了 3dB。

当 $f = f_{L2}$ 时，电压增益的模为
$$|\dot{A}_{u2}| = \frac{R_2 + R_{P1}}{R_1} \times \frac{\sqrt{2}}{10} = 0.14 |\dot{A}_{uL}|$$

此时，电压增益相对 $|\dot{A}_{uL}|$ 下降了 17dB。

当 $f_{L1} < f < f_{L2}$ 时，电压增益衰减速率为 -20dB/10 倍频程。

由此可得出图 4-13a 所示的低音提升幅频特性。从图中可以看到，低音的最大提升量为 20dB。

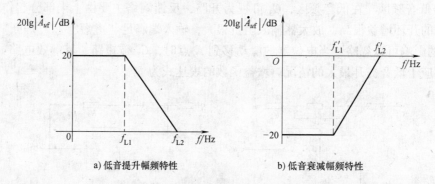

a) 低音提升幅频特性   b) 低音衰减幅频特性

图 4-13　低音提升和衰减时的幅频特性

同理分析可知，当电位器 R_{P1} 的滑动端移到 B 点时，C_2 被短路，其等效电路如图 4-12b 所示，对应于低音衰减最大的情况，其衰减的幅频特性如图 4-13b 所示。图中，最大衰减量为 20dB，两个转折点的频率分别为
$$\omega'_{L1} = 2\pi f'_{L1} = \frac{1}{R_{P1} C_1} \tag{4-9}$$

$$\omega'_{L2} = 2\pi f'_{L2} = \frac{R_1 + R_{P1}}{R_1 R_{P1} C_1} \tag{4-10}$$

（3）高音频区　在高音频区，C_1 和 C_2 可视为短路，等效电路如图 4-14a 所示。为了方便分析，将电路中 $\triangle$ 接法的 R_1、R_2 和 R_3 变换成 $\triangle$ 接法的 R_a、R_b、R_c，如图 4-14b 所示。

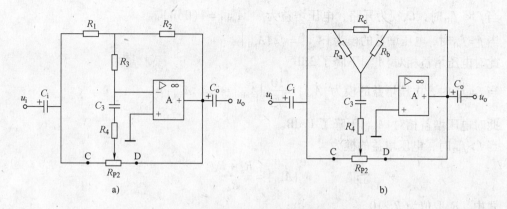

图 4-14　音调控制电路在高音频区的等效电路

其中
$$R_a = R_1 + R_3 + \frac{R_1 R_3}{R_2} = 3R\,(\text{因为 } R_1 = R_2 = R_3 = R)$$

$$R_b = R_2 + R_3 + \frac{R_2 R_3}{R_1} = 3R$$

$$R_c = R_1 + R_2 + \frac{R_1 R_2}{R_3} = 3R \tag{4-11}$$

因为前级的输出电阻很小（$<500\Omega$），输出信号 u_o 通过 R_c 反馈到输入端的信号被前级输出电阻所旁路，所以 R_c 的影响可以忽略，视为开路。又因为电位器 R_{P2} 的数值很大，也可视为开路。当电位器的滑动端移到 C 点和 D 点时，分别对应高音提升最大和衰减最大的情况，其等效电路如图 4-15 所示。

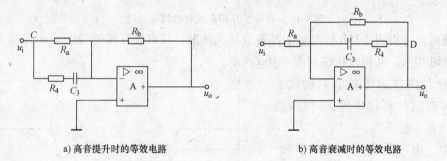

a) 高音提升时的等效电路　　　　　　　　　　b) 高音衰减时的等效电路

图 4-15　音调控制电路在高音提升和衰减时的等效电路

对应于图 4-15a 所示的高音提升情况，其增益函数的表达式为

$$A_{uH} = -\frac{R_b}{R_a /\!/ \left(R_4 + \dfrac{1}{j\omega C_3}\right)} = -\frac{R_2}{R_a} \times \frac{1 + j\omega C_3 (R_a + R_4)}{1 + j\omega R_4 C_3} = -\frac{R_2}{R_a} \times \frac{1 + j\dfrac{\omega}{\omega_{H1}}}{1 + j\dfrac{\omega}{\omega_{H2}}} \tag{4-12}$$

上式中
$$\omega_{H1} = 2\pi f_{H1} = \frac{1}{(R_a + R_4) C_3} \tag{4-13}$$

$$\omega_{H2} = 2\pi f_{H2} = \frac{1}{R_4 C_3} \tag{4-14}$$

用与低频等效电路相同的方法进行分析，可以得到以下关系：

当 $f < f_{H1}$ 时，C_3 视为开路，电压增益为 $|\dot{A}_{uH}| = 1(0\text{dB})$

当 $f = f_{H1}$ 时，电压增益的模为 $|\dot{A}_{u3}| = \sqrt{2}|\dot{A}_{uH}|$

此时电压增益相对 $|\dot{A}_{uH}|$ 下降了 3dB。

当 $f = f_{H2}$ 时，电压增益的模为 $|\dot{A}_{u4}| = \dfrac{10}{\sqrt{2}}|\dot{A}_{uH}| \approx 7.1|\dot{A}_{uH}|$

此时电压增益相对 $|\dot{A}_{uH}|$ 下降了 17dB。

当 $f > f_{H2}$ 时，电压增益的模为

$$|\dot{A}_{uH}| = \frac{R_a + R_4}{R_4}$$

式中，R_4 取值为 $R_a/10$。

当 $f_{H1} < f < f_{H2}$ 时，电压提升速率为 20dB/10 倍频程，由此可以画出图 4-16a 所示的高音提升幅频特性。从图中可以看出，高音的最大提升量为 20dB。

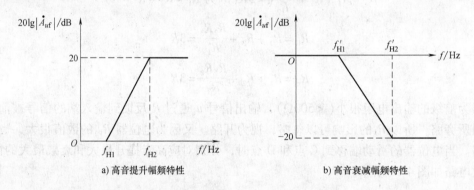

a) 高音提升幅频特性   b) 高音衰减幅频特性

图 4-16 高音提升和衰减时的幅频特性

同理可以分析图 4-15b 所对应的高音衰减的情况，其高音衰减的最大量和转折点频率与高音提升时相同，其幅频特性如图 4-16b 所示。

综合考虑音调控制电路的高、低提升和衰减的幅频特性，可以得到图 4-17 所示的曲线。

图中，由于曲线按 ±6dB/倍频程的斜率变化，假设要求低频区和高频区的提升量或者衰减量为 x（单位为 dB），则可根据下述公式进行计算：

$$f_{L2} = f_{Lx} \cdot 2^{\frac{x}{6\text{dB}}} \qquad (4\text{-}15)$$

$$f_{Hx} = f_{H1} \cdot 2^{\frac{x}{6}} \qquad (4\text{-}16)$$

可见，当某一频率的提升量或衰减量已知时，由式（4-15）和式（4-16）可以求出所需的转折频率，再利用前述公式求出相应元器件的

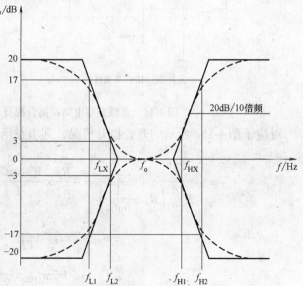

图 4-17 高、低音提升和衰减时的幅频特性

参数和最大提升衰减量。根据前述关于音响放大器的技术指标可知，所要设计的音响放大器的音调控制特性为 1kHz 处增益为 0dB，100Hz 和 10kHz 处有 ±12dB 的调节范围，可得高、低频的转折频率分别为

$$f_{L2} = f_{Lx} \cdot 2^{\frac{x}{6dB}} = 100 \cdot 2^{\frac{12}{6}} \text{Hz} = 400 \text{Hz} \tag{4-17}$$

$$f_{L1} = \frac{f_{L2}}{10} = 40 \text{Hz} \tag{4-18}$$

$$f_{H1} = \frac{f_{Hx}}{2^{\frac{x}{6dB}}} = \frac{10}{2^{\frac{12}{6}}} \text{kHz} = 2.5 \text{kHz} \tag{4-19}$$

$$f_{H2} = 10 f_{H1} = 25 \text{kHz} \tag{4-20}$$

根据音响放大器的设计技术指标，要保证 $|\dot{A}_{uL}| = |\dot{A}_{uH}| \geqslant 20\text{dB}$，结合 A_{uL} 的表达式可知，R_1、R_2、R_{P1} 的阻值不能取得太大，否则运放漂移电流的影响不可忽略，但也不能太小，否则流过它们的电流将超出运放的输出能力，一般取几千欧到几百欧。现取 $R_{P1} = 470\text{k}\Omega$，根据前述的式(4-6)和式(4-7)可得

$$C_2 = \frac{1}{2\pi f_{L1} R_{P1}} = 0.008\mu\text{F} \tag{4-21}$$

$$R_2 = \frac{R_{P1}}{\dfrac{f_{L2}}{f_{L1}} - 1} = 52\text{k}\Omega \tag{4-22}$$

取标称值，则 $C_2 = 0.01\mu\text{F}$，$R_2 = 51\text{k}\Omega$。由前述的假设条件可得

$$R_1 = R_2 = R_3 = R = 51\text{k}\Omega$$
$$R_{P1} = R_{P2} = 470\text{k}\Omega \quad C_2 = C_1 = 0.01\mu\text{F}$$

$$R_4 = \frac{1}{10} R_a = \frac{3R}{10} = 15.3\text{k}\Omega \tag{4-23}$$

取标称值 $R_4 = 15\text{k}\Omega$，可得

$$C_3 = 2\pi f_{H2} = \frac{1}{2\pi f_{H2} R_4} = 425\text{pF} \tag{4-24}$$

取标称值 $C_3 = 470\text{pF}$，由于在低音频区时，音调控制电路输入阻抗近似为 R_1，所以电路中的耦合电容理论值可根据下式计算：

$$C = \frac{1}{2\pi f_L R_4} \tag{4-25}$$

式中，f_L 为低频截止频率。

实际耦合电容的大小可取其理论值的 3-10 倍。由此可得，级间耦合电容可取 $C_1 = C_0 = 10\mu\text{F}$。

4. 功率放大器

功率放大器的作用是给负载（扬声器）提供一定的输出功率。当负载一定时，希望输出的功率尽可能大，输出信号的非线性失真尽可能小，效率尽可能高。功率放大器的常见形式有单电源供电的 OTL 电路和双电源供电的 OCL 电路。有由集成运放和晶体管组成的功率放大器，也有专用集成功率放大器芯片。

本节采用集成功放芯片 LM386 来实现功率放大，其引脚示意图如图 4-18 所示。

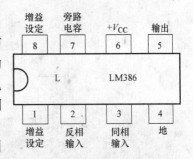

图 4-18 LM386 引脚示意图

LM386 的供电范围较宽(5～18V)，具有很低的静态水泵电流(4mA)和失真度(0.2%)，电压增益可以从 20 到 200，其内部电路原理图如图 4-19 所示。从原理图中可以看到，LM386 是采用单电源供电的音频集成功放，VT_1～VT_4 构成复合管差动输入级，VT_5、VT_6 构成镜像电流源作为负载。输入级的单端输出信号传送到由 VT_7 等组成的共射中间级进行电压放大，中间级同样采用有源负载，以提高电源增益。VT_8～VT_{10}、VD_1、VD_2 等组成甲乙类准互补对称功率输出级。为了改善电路特性，由输出级通过电阻 R_f 至输入级引入负反馈。如果在引脚 1、8 之间并联一只电容，则可以提高电压增益；如在引脚 1、5 之间并联一只电阻，则可改变反馈深度，从而降低增益。LM386 的典型应用连接如图 4-20 所示，图 4-20a 为一般接法，图 4-20b 为增益最大接法。

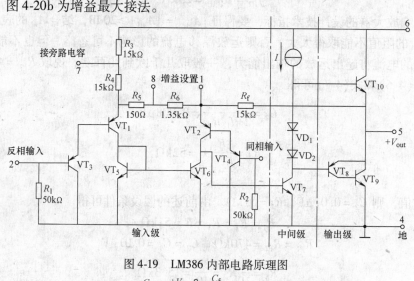

图 4-19　LM386 内部电路原理图

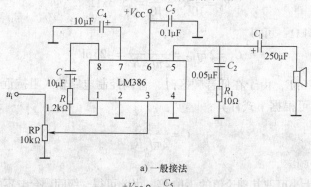

a) 一般接法

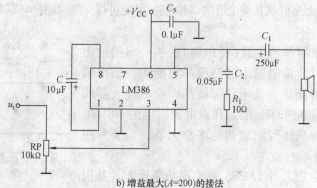

b) 增益最大(A=200)的接法

图 4-20　LM386 典型应用的连接图

5. 集成运放芯片的选择

本节的语音放大器、混合前置放大器及音调控制器电路中的集成运放均采用 OP07 芯片，OP07 是一种低噪声、高精度的运算放大器集成电路。由于具有非常低的输入失调电压，所以在很多应用场合不需要额外的调零措施。OP07 的引脚示意图如图 4-21 所示。

OP07 的单位增益带宽为 0.6MHz，当语音放大级的增益取 7.5 时，可以满足 $f_H = 10\text{kHz}$ 的频响要求。混合前置放大器是运放 A_2 组成的反相求和电路，其输出电压为

$$u_o = -\left(\frac{R_4}{R_2}u_{o1} + \frac{R_4}{R_3}u_{i2}\right)$$

式中，u_{o1} 为语音放大器的输出电压；u_{i2} 为录音机的输出电压。

根据图 4-5 所示的整机增益分配可知，混合前置级的放大倍数为 1，但由于 $u_{o1} = A_{u1}u_i = 7.5 \times 5\text{V} = 37.5\text{V}$，而 $u_{i2} = 100\text{mV}$，要使传声器与录音机的输出信号经混响前置级后的输出基本相等，则要求 $\frac{R_4}{R_2} \approx 3$，$\frac{R_4}{R_3} = 1$。

前述各单元电路的设计值需要通过实验调整和修改，特别是在进行整机调试时，由于各级之间的相互影响，有些参数可能要进行较大的变动。

4.2.4　音响放大器的仿真验证

由前述内容可知，音响放大器主要由语音放大器、混合前置放大器、音调控制器和功率放大器等电路组成，可以利用 Multism 对上述电路分别进行仿真验证。

1. 语音放大器

1）按图 4-22 连接好电路，根据设计要求确定电路中各电阻及同相输入端平衡电阻的具体数值，并将其保存成电路文件。

2）动态指标 A_u 的测试。在电路的输入端输入信号频率为 1kHz 的正弦波，调整输入信号的幅度，使输出电压 u_o 不失真，将测试结果填入表 4-1，并与理论值相比较。

3）调整电位器 R_f 的大小，重复步骤 2 的测试。

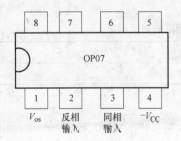

图 4-21　OP07 引脚示意图

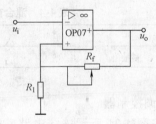

图 4-22　语音放大器电路

表 4-1　语音放大器放大倍数的测试结果

$R_1/\text{k}\Omega$	$R_f/\text{k}\Omega$	U_i/V	U_o/V	$A_u = 1 + \dfrac{R_f}{R_1}$（理论）	$A_u = \dfrac{U_o}{U_i}$（实测）

4）幅频特性的测量。将频率特性测试仪接入电路，根据上、下限频率 f_H、f_L 的定义，当电压放大倍数的幅值 $20\lg|A_u|$ 下降 3dB 时所对应的频率即为电路的上、下限频率，将测试结果填入表 4-2。

表 4-2　语音放大器上、下限频率的测试结果

	f_H	f_L
测量值		

2. 混合前置放大器

按图 4-23 连接好电路，根据设计要求确定电路中电阻和电容的具体数值，并将其保存成电路文件。

（1）输出电压的测试　在电路的输入端输入信号频率为 1kHz 的正弦波，调整输入信号的幅度，使输出电压 U_o 不失真，将测试结果填入表 4-3，并与理论值相比较。

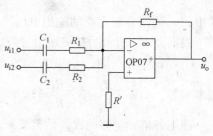

图 4-23　混合前置放大器电路

表 4-3　混合前置放大器输出电压测试

U_{i1}/V	U_{i2}/V	U_o（实测）/V	理论值 $U_O = -R_f\left(\dfrac{U_{i1}}{R_1} + \dfrac{U_{i2}}{R_2}\right)$

（2）幅频特性的测量　将频率特性测试仪接入电路，根据上、下限频率 f_H、f_L 的定义，当电压放大倍数的幅值 $20\lg|A_u|$ 下降 3dB 时所对应的频率即为电路的上、下限频率，将测试结果填入表 4-4。

表 4-4　混合前置放大器上、下限频率的测试结果

	f_H	f_L
测量值		

3. 音调控制器

1）按图 4-24 所示连接电路，根据设计要求确定电路中电阻和电容的具体数值，并将其保存成电路文件。

2）音调控制器特性的测量：

① 低音提升与衰减：

a. 将高音提升与衰减电位器 RP_2 滑动端调到居中位置（即可调电位器 RP_2 的百分比为 50%），将低音提升和衰减电位器 RP_1

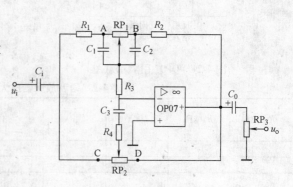

图 4-24　音调控制器电路

滑动端调到最左边（低音提升最大位置，即可调电位器 RP_1 的百分比为100%）。

b. 调节信号发生电路，使输入信号 $f = 100Hz$，$U_{im} = 100mV$，调节电路中的音量调节电位器 RP_3，使电路输出电压达到最大值，记录此时 RP_3 的数值和输出电压的幅值：

$R_{P3} = $ _____　　　　　　$U_{om} = $ _____

c. 保持 RP_3 的数值和输入信号幅度不变，将频率特性测试仪接入电路，设置工作频率的范围为40Hz～1kHz，测试电路的幅频响应曲线，并记录（由于此时 C_1 被短路，当 f 增大时，U_o 将增大）：

$f = 100Hz$ 时，低音的最大提升量 = _____

d. 将低音提升和衰减电位器 RP1 滑动端调到最右边（低音衰减最大位置，即可调电位器 RP1 的百分比为0%），重复 b、c 的步骤（由于此时 C_2 被短路，当 f 增大时，U_o 将增大）。

$f = 100Hz$ 时，低音的最大衰减量 = _____

② 高音提升与衰减：

a. 将低音提升与衰减电位器 RP_1 滑动端调到居中位置，将高音提升和衰减电位器 RP_2 滑动端调到最左边（高音提升最大位置，即可调电位器 RP_2 的百分比为100%）。

b. 调节信号发生电路，使输入信号 $f = 10kHz$，$U_{im} = 100mV$，调节电路中的音量调节电位器 RP_3，使电路输出电压达到最大值，记录此时 RP_3 的数值和输出电压的幅值：

$R_{P3} = $ _____　　　　　　$U_{im} = $ _____

c. 保持 RP3 的数值和输入信号幅度不变，将频率特性测试仪接入电路，调谐工作频率的范围为10kHz，测试电路的幅频响应曲线并记录（此时当 f 减小时，U_o 将减小）。观察所记录的幅频响应曲线，从图中读出高音部分的最大提升量并记录，判断其是否符合理论设计的指标。

$f = 10kHz$ 时，高音的最大提升量 = _____

d. 将高音提升和衰减电位器 RP_2 滑动端调到最右边（高音衰减最大位置，即可调电位器 RP_2 的百分比为0%），重复 b、c 的步骤（此时当 f 减小时，U_o 增大）。

$f = 10kHz$ 时，高音的最大衰减量 = _____

4. 功率放大器

由于 Multism 的器件库中没有集成功放，所以通常采用与集成功放 LM386 芯片工作原理相同、功能等效的 OTL 功率放大器电路进行仿真，OTL 功率放大器等效电路如图4-25所示。

1）按图4-25所示的功率放大器等效电路连接电路，并将其保存成电路文件。

2）调试电路，使静态时 $U_K = \frac{1}{2}V_{CC}$。在没有交流信号输入的情况下，调节可调电位器 RP 的大小，同时利用虚拟万用表测试功放电路输出点 K 对地的直流电压，使其等于 $\frac{1}{2}V_{CC}$，记录此时所对应的 RP_1 的大小：

$R_{P1} = $ _____

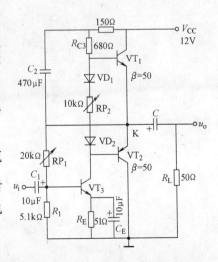

图4-25　OTL功率放大器等效电路

3）交越失真的观察。在电路中将二极管 VD_1、VD_2 短接，从输入端 u_i 加入 1kHz 的交流正弦信号，用示波器观察输出电压 u_o 的波形，可以看到明显的交越失真。记录输出波形，说明出现交越失真的原因。

4）最大不失真输出电压和输入灵敏度的测量：

① 在输入端 u_i 加入 1kHz 的交流正弦信号，用示波器观察输出电压 u_o 的波形，如果输出波形出现交越失真，可调节电位器 RP_2。逐渐增大输入信号，测量最大不失真输出电压 U_{om} 的大小，将结果填入表 4-5。

② 音响放大电路输出额定功率时所需的输入电压（有效值）称为输入灵敏度，用 u_s 表示。在输入端 u_i 加入 1kHz 的交流正弦信号，用示波器观察输出电压 u_o 的波形。逐渐增大输入信号，当输出电压达到最大不失真值 U_{om} 时，此时所对应的输入电压的大小（有效值）即为电路的输入灵敏度，将结果填入表 4-5。

表 4-5　功率放大器的输入灵敏度

	U_{om}/V	输入灵敏度 u_s/mV
测量值		

思考与练习

1. 请简述音响放大器电路的基本组成，并绘制其组成框图。
2. 如何测试语音放大电路的频率特性？
3. 了解音调控制电路频率特性中的几个特征频率设计。
4. 如何测试功率放大电路的输出功率？

技能训练　音响放大器的设计与仿真

实验平台：虚拟实训室。

实验目的：

1）熟悉音响放大电路的基本组成及工作原理。

2）熟悉各组成电路的结构及性能参数设计。

3）测试验证各组成电路的功能。

4）完成音响放大器设计与仿真的产品说明书。

实验仪器：

信号发生器、万用表、直流稳压电源、示波器和波特仪。

实验步骤：参考 4.2.4 节"音响放大器的仿真验证"内容进行实验。

实验结论：提交 500 字的设计说明书。

4.3　模拟电路课程设计

> 简易函数信号发生器
> 测量放大器

4.3.1　简易函数信号发生器

1. 设计概述

设计一个能够产生正弦波、三角波、方波等电压波形的信号发生器。

2. 设计任务

（1）设计内容　设计一个方波、三角波、正弦波函数发生器，可采用双运放 μA747 运算放大器或单片函数发生器模块 5G8038 电路完成。通过查找资料，选定方案，进行方案比较论证，确定一个较好的方案，能进行仿真，参考本书 4.2.2 节设计内容。

（2）主要技术指标

1）频率范围：100Hz ~ 1kHz，1 ~ 10kHz。

2）输出电压：方波 $U_{p-p} = 24V$，三角波 $U_{p-p} = 6V$，正弦波 $U_{om} > 1V$。

3）波形特征：方波 $t_r < 10s$（1kHz，最大输出时），三角波失真系数 $THD < 2\%$，正弦波失真系数 $THD < 5\%$。

（3）设计要求

1）调研、查找并收集资料。

2）总体设计，画出框图。

3）单元电路设计，进行必要的计算。

4）电气原理设计，绘制原理图（用 EWB 仿真工具绘图）。对每一个电路进行计算仿真，并分析仿真结果。

5）列写元器件明细表。

6）撰写设计说明书（字数为 2000 字左右）。

7）参考资料目录。

4.3.2　测量放大器

1. 设计任务

设计并仿真一个测量放大器及所用的直流稳压电源。输入信号 U_i 取自桥式测量电路的输出。当 $R_1 = R_2 = R_3 = R_4$ 时，$u_i = 0$。R_2 改变时，产生 u_i 的电压信号。

2. 主要技术指标

1）差模电压放大倍数 $A_{ud} = 1 ~ 500$，可手动调节。

2）最大输出电压为 10V，非线性误差 $< 0.5\%$。

3）在输入共模电压 $-7.5 ~ 7.5V$ 范围内，共模抑制比 $K_{CMR} > 10^5$。

4）通频带为 $0 ~ 10Hz$。

5）直流电压放大器的差模输入电阻 $\geq 2M\Omega$。

6）电源部分：设计并仿真上述放大器所用的直流稳压电源，由单相 220V 交流电压供电，交流电压变化范围为 10% ~ −15%。

7）设计并仿真一个信号变换放大器。将函数发生器单端输出的正弦电压信号不失真地转换为双端输出信号，用作测量直流电压放大器频率特性的输入信号。

3. 设计要求

1）调研、查找并收集有关资料。

2）总体设计，画出电路框图。

3）单元电路设计。

4）电气原理设计——绘制电路原理图（绘制标准图）。

5）列写元器件明细表。

6）撰写设计说明书（字数为 2000 字左右）。

7）参考资料目录。

4. 设计提示

1）参考框图如图 4-26 和图 4-27 所示。

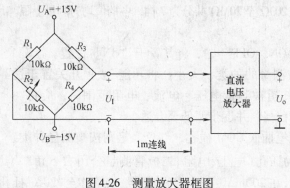

图 4-26　测量放大器框图

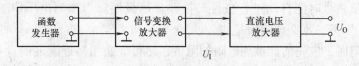

图 4-27　信号变换放大器框图

2）直流电压放大器部分只允许采用通用型集成运算放大器和必要的其他元器件组成，不能使用单片集成的测量放大器或其他定型的测量放大器产品。

思考与练习

1. 产生正弦波的方法有哪些？简单说明各种方法的原理，并比较它们的优缺点。

2. 了解三角波、方波波形产生的方法及原理。

附　录

附录 A　数字万用表的使用

与指针式万用表相比，数字万用表采用了大规模集成电路和液晶数字显示技术，具有许多优点。实验所用的为 DT9204 型数字万用表，它由液晶显示屏、量程转换开关和测试插孔等组成，最大显示数字为 ±1999，为 3 位半数字万用表，如图 A-1 所示。

图 A-1　DT9204 型数字
万用表面板图

DT9204 型数字万用表具有较宽电压和电流测量范围，直流电压测量范围为 0～1000V，交流电压测量范围为 0～750V，交、直流电流测量范围均为 0～20A。电阻量程从 200Ω 至 20MΩ 共分为 7 档，各档值均为测量上限。

1. 使用方法

1）按下右上角"ON、OFF"键，将其置于"ON"位置。

2）使用前根据被测量的种类、大小，将功能/量程开关置于适当的测量档位。当不知道被测量电压、电流、电阻范围时，应将功能/量程开关置于高量程档，并逐步调低至合适。

3）将测试黑色表笔插入 COM 插孔，红色表笔则按被测量种类、大小分别插入各相应的插孔（电压、电阻、二极管测量公用右下角"VΩ"插孔；电流在 200mA 以下时插入"mA"插孔，在 200mA～20A 之间时将红表笔移至"20A"插孔）。

4）测量直流信号时能自动进行极性转换并显示极性。当被测电压（电流）的极性接反时，会显示"−"号，不必调换表笔。

5）测量电阻时，应先估计被测电阻的阻值，尽可能选用接近满度的量程，这样可提高测量准确度。如果选择的档位小于被测电阻的实际值，显示结果只有高位上的"1"，说明量程选得太小，出现了溢出，这时就要更换高一档量程后再进行测试。

2. 注意事项

1）当只在高位显示"1"时，说明已超过量程，需调高档位。

2）注意不要测量高于 1000V 的直流电压和高于 750V 的交流电压。20A 插孔没有熔丝，测量时间应小于 15s。

3）切勿误接功能开关，以免内外电路受损。

4）电池电量不足时，显示屏左上角显示"⊡"符号，此时应及时更换电池。

5）其他使用事项可参阅指针式万用表。

附录 B　示波器的使用

双踪示波器是目前实验室中广泛使用的一种示波器。MOS-620CH 型双踪示波器的最大灵敏度为 5mV/div，最大扫描速度为 0.2μs/div，并可扩展 10 倍使扫描速度达到 20ns/div。

1. 面板说明

该示波器采用 6in(1in=2.524cm)并带有刻度的矩形 CRT，操作简单，稳定可靠，面板如图 B-1 所示。

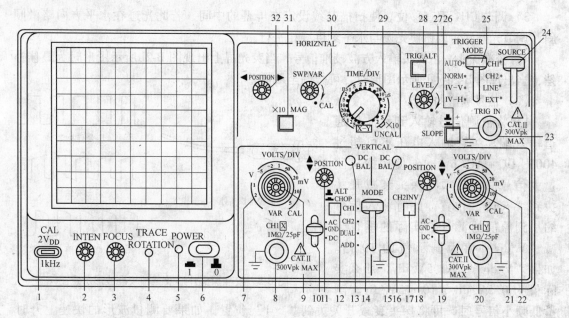

图 B-1　示波器面板图

各功能键设置见表 B-1。

表 B-1　各功能键设置

功能	序号	设置
电源(POWER)	6	关
亮度(INTEN)	2	居中
聚焦(FOCUS)	3	居中
垂直方式(VERT MODE)	14	通道 1
交替/断续(ALT/CHOP)	12	释放(ALT)
通道 2 反向(CH2 INV)	16	释放
垂直位置(▲▼POSITION)	11、19	居中
垂直衰减(VOLTS/DTV)	7、22	0.5V/DIV
调节(VARIABLE)	9、21	CAL(校正位置)
AC-GND-DC	10、16	GND
触发源(SOURCE)	23	通道 1
极性(SLOPE)	26	+
触发交替选择(TRIG ALT)	27	释放
触发方式(TRIGGER MODE)	25	自动
扫描时间(TIME/DIV)	29	0.5mSec/DIV
微调(SWP VAR)	30	校正位置
水平位置(►◄POSITION)	32	居中
扫描扩展(X10 MAG)	31	释放

（1）测量前的准备工作

1）检查电源电压。接通电源前务必先检查电压是否与当地电网一致。

2）打开电源。电源指示灯亮，约20s后屏幕出现光迹。调节亮度和聚焦旋钮，使光迹清晰度较好。

3）调节 CH1 垂直移位。使扫描基线设定在屏幕的中间，若此光迹在水平方向略微倾斜，调节光迹旋转旋钮使光迹与水平刻度线相平行。

4）校准探头。由探头输入方波校准信号，当荧光屏上出现图 B-2b 所示图形时为最佳补偿，当出现图 B-2c、d 所示图形时，可微调至最佳。

（2）信号测量的步骤

1）将被测信号输入到示波器通道输入端。注意输入电压不可超过 $400V[DC + AC(p\text{-}p)]$。使用探头测量大信号时，必须将探头衰减开关拨到"×10"位置，此时输入信号缩小到原值的 1/10。实际的垂直衰减"V/div"值为显示值的 10 倍。如果"V/div"为 0.5V/div，那么实际值为 0.5V/div × 10 = 5V/div。测

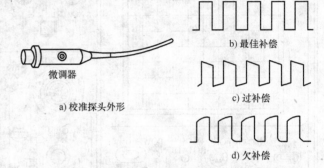

b) 最佳补偿

c) 过补偿

d) 欠补偿

微调器

a) 校准探头外形

图 B-2　校准探头外形及三种校准波形示意图

量低频小信号时，可将探头衰减开关拨到"×1"位置。如果要测量波形的快速上升时间或高频信号，必须将探头的接地线接在被测量点附近，减小波形的失真。

2）按照被测信号参数的测量方法不同，选择各旋钮的位置，使信号正常显示在荧光屏上，记下一些读数或波形。测量时必须注意将 Y 轴增益微调和 X 轴增益微调旋钮旋至"校准"位置。因为只有在"校准"时才可按开关"V/div"及"T/div"（时间扫描）指示值计算所得测量结果。同时还应注意，面板上标定的垂直偏转因数"V/div"中是指的峰-峰值。

3）根据记下的读数进行分析、运算和处理，得到测量结果。

2. 示波器的基本测量方法

示波器的基本测量技术是利用它显示被测信号的时域波形，并对信号的基本参数如电压、周期、频率、相位、时间等时域特性的测量。

（1）电压测量

1）电压定量测量：将"V/div"微调旋钮置于"CAL"位置，就可进行电压的定量测量。测量值可由以下公式算出：

① 用探头"×1"位置测量：电压 = 设定值×输入信号显示幅值。

② 用探头"×10"位置测量：电压 = 设定值×输入信号显示幅值×10。

2）直流电压测量：在测量直流电压时，本仪器具有高输入阻抗、高灵敏度、快速响应直流电压表的功能。测量规程如下：

① 置"扫描方式"开关于"AUTO"位置，选择合适的扫描速度，使扫描不发生闪烁现象。

② 置"AC-GND-DC"开关于"GND"位置，调节垂直"位移"，使该扫描线准确地落在水平刻度线上，以便于读取信号电压。

③ 置"AC-GND-DC"开关于"DC"位置，并将被测电压加至输入端，扫描线的垂直

位移即为信号的电压幅度。如果扫描线上移，被测电压相对于地电位为正。如果扫描线下移，则该电压为负。电压值可用公式"电压 = 设定值 × 输入信号显示幅值"或"电压 = 设定值 × 输入信号显示幅值 × 10"求出。

　　例如：将探头衰减比置于"×10"时，垂直偏转因数"V/div"置于"0.5V/div"，"微调"旋钮置于校正"CAL"位置，所测得的扫迹偏高 5div，求得被测电压为 $0.5V/div \times 5div \times 10 = 25V$。

　　3）交流电压测量：调节"V/div"开关，以获得一个易于读取的信号幅度，从图 B-3a 读出该幅度，并用公式"电压 = 设定值 × 输入信号显示幅值"或"电压 = 设定值 × 输入信号显示幅值 × 10"进行计算。

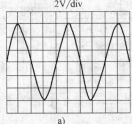

2V/div

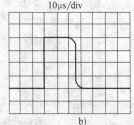

10μs/div

a)　　　　　　　　　　　　　b)

图 B-3　示波器读数示意图

　　（2）时间测量　置"时间/格微调"旋钮于 CAL，读取"时间/格"以及"×10 扩展"开关的设定值，用下式计算：

　　时间 = 设定值 × 对应于被测时间的长度 × "10 倍扩展"钮设定值的倒数

　　例如，脉冲宽度的测量方法如下：

　　1）调节脉冲波形的垂直位置，使脉冲波形的顶部和底部距刻度水平中心线的距离相等，如图 B-3a 所示。

　　2）调整"T/div"开关，使信号易于观测。读取上升和下降沿中点间的距离，即脉冲沿与水平刻度线相交的两点间距离。用公式计算脉冲宽度。

　　例如，如图 B-3b 所示，在没使用扫描扩展时测一脉冲电压信号，调整"T/div"开关，并设定在 $10\mu s/div$，读上升和下降沿中点间的距离为 2.5div，则该电压信号的脉冲宽度为 $10\mu s/div \times 2.5div = 25\mu s$。

3. 使用时的注意事项

　　1）使用前必须检查电网电压是否与示波器的电源电压相一致。

　　2）通电后需预热几分钟再调整各旋钮。必须注意亮度不可开得过大，且亮点不可长期停滞在一个位置上。仪器暂时不用时可将亮度关小，不必切断电源。

　　3）输入信号的幅值不得超过最大允许输入电压值。在面板上垂直输入端附近有的标有电压值，该电压值是指可允许输入的直流加交流峰值。

　　4）通常信号引入线都需使用屏蔽电缆。示波器的探头有的带有衰减器，读数时需加以注意。使用探头后，示波器输入电路的阻抗可相应提高，有利于减小对被测电路的影响。各种型号示波器的探头要专用。

附录 C　常用电子元器件参考资料

C.1　部分电气图形符号

1. 电阻、电容、电感和变压器

电阻、电容和电感等常见元件的图形符号见表 C-1。

表 C-1　电阻、电容和电感等常见元件的图形符号

图形符号	名称与说明	图形符号	名称与说明
	电阻的一般符号		电感、线圈、绕组或扼流图 注：符号中半圆数不得少于 3 个
	可变电阻或可调电阻		带磁心、铁心的电感
	带滑动触点的电位器		带磁心连续可调的电感
	极性电容		双绕组变压器 注：可增加绕组数目
	可变电容或可调电容		绕组间有屏蔽的双绕组变压器 注：可增加绕组数目
	双联同调可变电容 注：可增加同调联数		在一个绕组上有抽头的变压器
	微调电容		

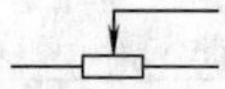

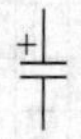

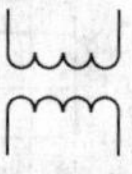

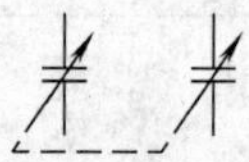

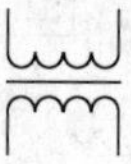

2. 半导体

常见半导体的图形符号见表 C-2。

表 C-2　常见半导体的图形符号

图形符号	名称与说明	图形符号	名称与说明
	二极管	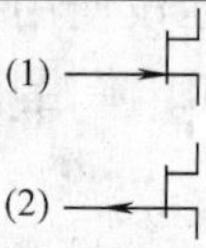 (1) (2)	JFET 结型场效应晶体管 （1）N 沟道 （2）P 沟道
	发光二极管		PNP 型晶体管
	光敏二极管		NPN 型晶体管
	稳压管		
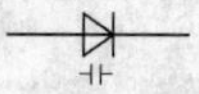	变容二极管	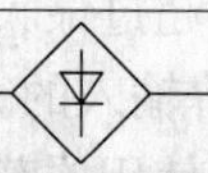	桥式全波整流器

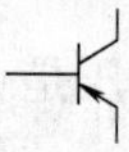

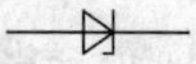

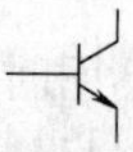

3. 其他电气图形符号

其他电气图形符号见表 C-3。

表 C-3　其他电气图形符号

图形符号	名称与说明	图形符号	名称与说明
	具有两个电极的压电晶体 注：电极数目可增加	⊗	指示灯及信号灯
	熔断器		扬声器

（续）

图形符号	名称与说明	图形符号	名称与说明
	蜂鸣器		导线的不连接
	接大地		动合（常开）触点开关
或	接机壳或底板		动断（常闭）触点开关
	导线的连接		手动开关

C.2　常用半导体器件型号命名法及主要技术参数

1. 半导体器件的命名方法

（1）我国半导体器件的命名法　国产半导体器件型号命名法见表 C-4。

表 C-4　国产半导体器件型号命名法

第一部分		第二部分		第三部分		第四部分	第五部分
用阿拉伯数字表示器件的电极数目		用汉语拼音字母表示器件的材料和极性		用汉语拼音字母表示器件的类型		用阿拉伯数字表示序号	用汉语拼音字母表示规格号
符号	意义	符号	意义	符号	意义		
2	二极管	A	N 型，锗材料	P	小信号管		
		B	P 型，锗材料	V	混频检波管		
		C	N 型，硅材料	W	电压调整管和电压基准管		
3	三极管			C	变容管		
				Z	整流管		
				L	整流堆		
				S	隧道管		
				K	开关管		
		D	P 型，硅材料	X	低频小功率晶体管 $(f_\alpha < 3\text{MHz}, P_c < 1\text{W})$		
		A	PNP 型，锗材料				
		B	NPN 型，锗材料	G	高频小功率晶体管 $(f_\alpha \geqslant 3\text{MHz}, P_c < 1\text{W})$		
		C	PNP 型，硅材料				
		D	NPN 型，硅材料	D	低频大功率晶体管 $(f_\alpha < 3\text{MHz}, P_c \geqslant 1\text{W})$		
		E	化合物材料				
				A	高频大功率晶体管 $(f_\alpha \geqslant 3\text{MHz}, P_c \geqslant 1\text{W})$		
				T	闸流管		
				Y	体效应管		
				B	雪崩管		
				J	阶跃恢复管		

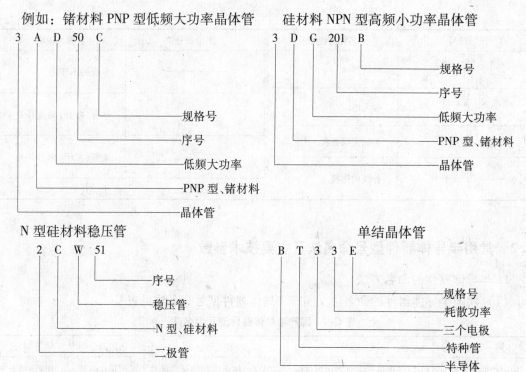

例如：锗材料 PNP 型低频大功率晶体管

3 A D 50 C

- 规格号
- 序号
- 低频大功率
- PNP 型、锗材料
- 晶体管

硅材料 NPN 型高频小功率晶体管

3 D G 201 B

- 规格号
- 序号
- 低频大功率
- PNP 型、锗材料
- 晶体管

N 型硅材料稳压管

2 C W 51

- 序号
- 稳压管
- N 型、硅材料
- 二极管

单结晶体管

B T 3 3 E

- 规格号
- 耗散功率
- 三个电极
- 特种管
- 半导体

（2）国际电子联合会半导体器件命名法　国际电子联合会半导体器件型号命名法见表 C-5。

表 C-5　国际电子联合会半导体器件型号命名法

第一部分		第二部分				第三部分		第四部分	
用字母表示使用的材料		用字母表示类型及主要特性				用数字或字母加数字表示登记号		用字母对同一型号者分档	
符号	意义	符号	意义	符号	意义	符号	意义	符号	意义
A	锗材料	A	检波、开关和混频二极管	M	封闭磁路中的霍尔器件	三位数字	通用半导体器件的登记序号（同一类型器件使用同一登记号）	A B C D E …	同一型号器件按某一参数进行分档的标志
		B	变容二极管	P	光敏元件				
B	硅材料	C	低频小功率晶体管	Q	发光器件				
		D	低频大功率晶体管	R	小功率晶闸管				
C	砷化镓	E	隧道二极管	S	小功率开关管				
		F	高频小功率晶体管	T	大功率晶闸管	一个字母加两位数字	专用半导体器件的登记序号（同一类型器件使用同一登记号）		
D	锑化铟	G	复合器件及其他器件	U	大功率开关管				
		H	磁敏二极管	X	倍增二极管				
R	复合材料	K	开放磁路中的霍尔元件	Y	整流二极管				
		L	高频大功率晶体管	Z	稳压管（即齐纳二极管）				

例如：

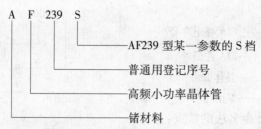

A　F　239　S
- S：AF239 型某一参数的 S 档
- 239：普通用登记序号
- F：高频小功率晶体管
- A：锗材料

国际电子联合会半导体器件型号命名法的特点：

1）这种命名法被欧洲许多国家采用。因此，凡型号以两个字母开头，并且第一个字母是 A、B、C、D 或 R 的晶体管，大都是欧洲制造的产品，或是按欧洲某一厂家专利生产的产品。

2）第一个字母表示材料（A 表示锗管，B 表示硅管），但不表示极性（NPN 型或 PNP 型）。

3）第二个字母表示器件的类别和主要特点。如 C 表示低频小功率晶体管，D 表示低频大功率晶体管，F 表示高频小功率晶体管，L 表示高频大功率晶体管等。若记住了这些字母的意义，不查手册也可以判断出类别。例如，BL49 型，一见便知是硅大功率专用晶体管。

4）第三部分表示登记顺序号。三位数字者为通用品；一个字母加两位数字者为专用品，顺序号相邻的两个型号的特性可能相差很大。例如，AC184 为 PNP 型，而 AC185 则为 NPN 型。

5）第四部分字母表示同一型号的某一参数（如 h_{FE} 或 N_F）进行分档。

6）型号中的符号均不反映器件的极性（指 NPN 型或 PNP 型）。极性的确定需查阅手册或测量。

（3）美国半导体器件型号命名法　这里介绍的是美国电子工业协会（EIA）规定的半导体器件型号的命名法，见表 C-6。

表 C-6　美国电子工业协会半导体器件型号命名法

第一部分		第二部分		第三部分		第四部分		第五部分	
用符号表示用途的类型		用数字表示PN 结的数目		美国电子工业协会（EIA）注册标志		美国电子工业协会（EIA）登记顺序号		用字母表示器件分档	
符号	意义	符号	意义	符号	意义	符号	意义	符号	意义
JAN 或 J	军用品	1	二极管	N	该器件已在美国电子工业协会注册登记	多位数字	该器件在美国电子工业协会登记的顺序号	A B C D …	同一型号的不同档别
		2	晶体管						
无	非军用品	3	三个 PN 结器件						
		n	n 个 PN 结器件						

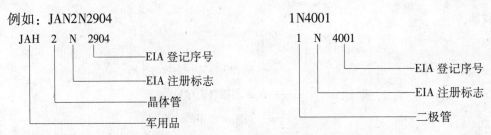

例如：JAN2N2904　　　　　　　　　　　1N4001

美国半导体器件型号命名法的特点：

1）该型号命名法规定较早，又未作过改进，型号内容很不完备。例如，对于材料、极性、主要特性和类型，在型号中不能反映出来。例如，2N开头的既可能是一般晶体管，也可能是场效应晶体管。因此，仍有一些厂家按自己规定的型号命名法命名。

2）组成型号的第一部分是前缀，第五部分是后缀，中间的三部分为型号的基本部分。

3）除去前缀以外，凡型号以1N、2N、3N、…开头的晶体管分立器件，大都是美国制造的，或按美国专利在其他国家制造的产品。

4）第四部分数字只表示登记序号，而不含其他意义。因此，序号相邻的两器件可能特性相差很大。例如，2N3464为硅NPN型高频大功率晶体管，而2N3465为N沟道场效应晶体管。

5）不同厂家生产的性能基本一致的器件都使用同一个登记号。同一型号中某些参数的差异常用后缀字母表示。因此，型号相同的器件可以通用。

6）登记序号数大的通常是近期产品。

（4）日本半导体器件型号命名法　日本半导体器件或其他国家按日本专利生产的这类器件，都是按日本工业标准（JIS）规定的命名法（JIS—C—702）命名的，见表C-7。

表 C-7　日本半导体器件型号命名法

第一部分		第二部分		第三部分		第四部分		第五部分	
用数字表示类型或有效电极数		S 表示日本电子工业协会（EIAJ）的注册产品		用字母表示器件的极性及类型		用数字表示在日本电子工业协会登记的顺序号		用字母表示对原来型号的改进产品	
符号	意义	符号	意义	符号	意义	符号	意义	符号	意义
0	光敏二极管、晶体管及其组合管			A	PNP 型高频管				
				B	PNP 型低频管				
				C	NPN 型高频管				
1	二极管			D	NPN 型低频管	四位以上的数字	从 11 开始，表示在日本电子工业协会注册登记的顺序号，不同公司生产的性能相同的器件可以使用同一顺序号，其数字越大表明越是近期产品	A B C D E F … …	用字母表示对原来型号的改进产品
2	晶体管、具有两个以上 PN 结的其他晶体管	S	表示已在日本电子工业协会（EIAJ）注册登记的半导体分立器件	F	P 门极晶闸管				
				G	N 门极晶闸管				
				H	N 基极单结晶体管				
3 …	具有四个有效电极或具有三个 PN 结的晶体管			J	P 沟道场效应晶体管				
				K	N 沟道场效应晶体管				
n-1	具有 n 个有效电极或具有 n-1 个 PN 结的晶体管			M	双向晶闸管				

日本半导体器件的型号，由五至七部分组成。通常只用到前五部分。前五部分符号及意义见表 C-7。第六、七部分的符号及意义通常是各公司自行规定的。第六部分的符号表示特殊的用途及特性，其常用的符号有：

M——松下公司用来表示该器件符合日本防卫厅海上自卫队参谋部有关标准登记的产品。

N——松下公司用来表示该器件符合日本广播协会（NHK）有关标准登记的产品。

Z——松下公司用来表示专为通信用的可靠性高的器件。

H——日立公司用来表示专为通信用的可靠性高的器件。

K——日立公司用来表示专为通信用的塑料外壳的可靠性高的器件。

T——日立公司用来表示收发报机用的推荐产品。

G——东芝公司用来表示专为通信用的设备制造的器件。

S——三洋公司用来表示专为通信设备制造的器件。

第七部分的符号常被用来作为器件某个参数的分档标志。例如，三菱公司常用 R、G、Y 等字母；日立公司常用 A、B、C、D 等字母，作为直流放大系数 h_{FE} 的分档标志。

例如：2SC502A（日本收音机中常用的中频放大管）

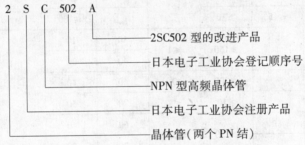

2SA495（日本夏普公司 GF—9494 收录机用小功率晶体管）

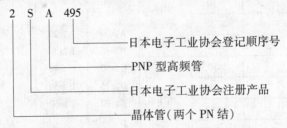

日本半导体器件型号命名法有如下特点：

1）型号中的第一部分是数字，表示器件的类型和有效电极数。例如，用"1"表示二极管，用"2"表示晶体管。而屏蔽用的接地电极不是有效电极。

2）第二部分均为字母 S，表示日本电子工业协会注册产品，而不表示材料和极性。

3）第三部分表示极性和类型。例如用 A 表示 PNP 型高频管，用 J 表示 P 沟道场效应晶体管。但是，第三部分既不表示材料，也不表示功率的大小。

4）第四部分只表示在日本工业协会（EIAJ）注册登记的顺序号，并不反映器件的性能，顺序号相邻的两个器件的某一性能可能相差很远。例如，2SC2680 型的最大额定耗散功率为 200mW，而 2SC2681 的最大额定耗散功率为 100W。但是，登记顺序号能反映产品时间的先后。登记顺序号的数字越大，越是近期产品。

5）第六、七两部分的符号和意义各公司不完全相同。

6）日本有些半导体分立器件的外壳上标记的型号常采用简化标记的方法，即把 2S 省略。例如，2SD764，简化为 D764，2SC502A 简化为 C502A。

7）在低频管（2SB 和 2SD 型）中，也有工作频率很高的管子。例如，2SD355 的特征频率 f_T 为 100MHz，所以，它们也可当高频管用。

8）日本通常把 $P_\mathrm{cm} \geqslant 1\mathrm{W}$ 的管子称为大功率晶体管。

2. 常用二极管的主要参数

常用二极管的主要参数见表 C-8。

表 C-8　常用二极管的主要参数

类型	参数 型号	最大正向峰值电流浪涌电流/A	最大整流电流/A	正向压降（在左栏电流值下）/V	反向击穿电压/V	最高反向工作电压/V	反向电流/μA	零偏压电容/pF	反向恢复时间/ns
普通检波二极管	2AP9	≤16	≥2.5	≤1	≥40	20	≤250	≤1	
	2AP7		≥5		≥150	100			
	2AP11	≤25	≥10	≤1		≤10	≤250	≤1	
	2AP17	≤15	≥10			≤100			
锗开关二极管	2AK1		≥150	≤1	30	10		≤3	≤200
	2AK2				40	20			
	2AK5		≥200	≤0.9	60	40		≤2	≤150
	2AK10		≥10	≤1	70	50			
	2AK13		≥250	≤0.7	60	40		≤2	≤150
	2AK14				70	50			
硅开关二极管	2CK70A~E		≥10	≤0.8	A≥30 B≥45 C≥60 D≥75 E≥90	A≥20 B≥30 C≥40 D≥50 E≥60	≤1.5		≤3
	2CK71A~E		≥20						≤4
	2CK72A~E		≥30						
	2CK73A~E		≥50						
	2CK74A~D		≥100	≤1			≤1		≤5
	2CK75A~D		≥150						
	2CK76A~D		≥200						
整流二极管	2CZ52B~H	2	0.1	≤1		25~600			同 2AP 型普通二极管
	2CZ53B~M	6	0.3	≤1		50~1000			
	2CZ54B~M	10	0.5	≤1		50~1000			
	2CZ55B~M	20	1	≤1		50~1000			
	2CZ56B~K	65	3	≤0.8		25~1000			
	1N4001~4007	30	1	1.1		50~1000	5		
	1N5391~5399	50	1.5	1.4		50~1000	10		
	1N5400~5408	200	3	1.2		50~1000	10		

3. 常用整流桥的主要参数

常用整流桥的主要参数见表 C-9。

表 C-9　常用整流桥的主要参数

型号 \ 参数	不重复正向浪涌电流/A	整流电流/A	正向电压降/V	反向漏电流/μA	反向工作电压/V	最高工作结温/℃
QL1	1	0.05				
QL2	2	0.1			常见的分档为 25、50、100、200、400、500、600、700、800、900、1000	
QL4	6	0.3	≤1.2	≤10		130
QL5	10	0.5				
QL6	20	1				
QL7	40	2		≤15		
QL8	60	3				

4. 常用稳压管的主要参数

常用稳压管的主要参数见表 C-10。

表 C-10　常用稳压管的主要参数

测试条件	工作电流为稳定电流	稳定电压下	环境温度 <50℃		稳定电流下	稳定电流下	环境温度 <10℃
型号 \ 参数	稳定电压/V	稳定电流/mA	最大稳定电流/mA	反向漏电流	动态电阻/Ω	电压温度系数/×10⁻⁴℃	最大耗散功率/W
2CW51	2.5~3.5		71	≤5	≤60	≥ -9	
2CW52	3.2~4.5		55	≤2	≤70	≥ -8	
2CW53	4~5.8	10	41	≤1	≤50	-6~4	
2CW54	5.5~6.5		38		≤30	-3~5	
2CW56	7~8.8		27		≤15	≤7	0.25
2CW57	8.5~9.8		26	≤0.5	≤20	≤8	
2CW59	10~11.8	5	20		≤30	≤9	
2CW60	11.5~12.5		19		≤40	≤9	
2CW103	4~5.8	50	165	≤1	≤20	-6~4	
2CW110	11.5~12.5	20	76	≤0.5	≤20	≤9	1
2CW113	16~19	10	52	≤0.5	≤40	≤11	
2CW1A	5	30	240		≤20		1
2CW6C	15	30	70		≤8		1
2CW7C	6.0~6.5	10	30		≤10	0.05	0.2

5. 常用晶体管的主要参数

（1）3AX51（3AX31）型 PNP 型锗低频小功率晶体管　3AX51（3AX31）型 PNP 型锗低频小功率晶体管的主要参数见表 C-11。

表 C-11　3AX51(3AX31) 型 PNP 型锗低频小功率晶体管的主要参数

原型号		3AX31				测试条件
	新型号	3AX51A	3AX51B	3AX51C	3AX51D	
极限参数	P_{CM}/mW	100	100	100	100	$T_a = 25℃$
	I_{CM}/mA	100	100	100	100	
	T_{jM}/℃	75	75	75	75	
	BV_{CBO}/V	≥30	≥30	≥30	≥30	$I_C = 1mA$
	BV_{CEO}/V	≥12	≥12	≥18	≥24	$I_C = 1mA$
直流参数	I_{CBO}/μA	≤12	≤12	≤12	≤12	$U_{CB} = -10V$
	I_{CEO}/μA	≤500	≤500	≤300	≤300	$U_{CE} = -6V$
	I_{EBO}/μA	≤12	≤12	≤12	≤12	$U_{EB} = -6V$
	h_{FE}	40~150	40~150	30~100	25~70	$U_{CE} = -1V$　$I_C = 50mA$
交流参数	f_α/kHz	≥500	≥500	≥500	≥500	$U_{CB} = -6V$　$I_E = 1mA$
	N_F/dB	—	≤8	—	—	$U_{CB} = -2V$　$I_E = 0.5mA$　$f = 1kHz$
	h_{ie}/kΩ	0.6~4.5	0.6~4.5	0.6~4.5	0.6~4.5	$U_{CB} = -6V$　$I_E = 1mA$　$f = 1kHz$
	h_{re}(×10)	≤2.2	≤2.2	≤2.2	≤2.2	
	h_{oe}/μs	≤80	≤80	≤80	≤80	
	h_{fe}	—	—	—	—	
h_{FE}色标分档		(红)25~60，(绿)50~100，(蓝)90~150				
管脚						

（2）3AX81 型 PNP 型锗低频小功率晶体管　3AX81 型 PNP 型锗低频小功率晶体管的主要参数见表 C-12。

表 C-12　3AX81 型 PNP 型锗低频小功率晶体管的主要参数

型　号		3AX81A	3AX81B	测　试　条　件
极限参数	P_{CM}/mW	200	200	
	I_{CM}/mA	200	200	
	T_{jM}/℃	75	75	
	BV_{CBO}/V	-20	-30	$I_C = 4mA$
	BV_{CEO}/V	-10	-15	$I_C = 4mA$
	BV_{EBO}/V	-7	-10	$I_E = 4mA$
直流参数	I_{CBO}/μA	≤30	≤15	$U_{CB} = -6V$
	I_{CEO}/μA	≤1000	≤700	$U_{CE} = -6V$
	I_{EBO}/μA	≤30	≤15	$U_{EB} = -6V$
	U_{BES}/V	≤0.6	≤0.6	$U_{CE} = -1V$　$I_C = 175mA$
	U_{CES}/V	≤0.65	≤0.65	$U_{CE} = U_{BE}$　$U_{CB} = 0$　$I_C = 200mA$
	h_{FE}	40~270	40~270	$U_{CE} = -1V$　$I_C = 175mA$

（续）

型　号		3AX81A	3AX81B	测　试　条　件
交流参数	f_β/kHz	≥6	≥8	$U_{CB} = -6V$　$I_E = 10mA$
h_{FE}色标分档		（黄）40~55，（绿）55~80，（蓝）80~120，（紫）120~180，（灰）180~270，（白）270~400		
管脚				

（3）3BX31 型 NPN 型锗低频小功率晶体管　3BX31 型 NPN 型锗低频小功率晶体管的主要参数见表 C-13。

表 C-13　3BX31 型 NPN 型锗低频小功率晶体管的主要参数

型　号		3BX31M	3BX31A	3BX31B	3BX31C	测　试　条　件
极限参数	P_{CM}/mW	125	125	125	125	$T_a = 25℃$
	I_{CM}/mA	125	125	125	125	
	T_{jM}/℃	75	75	75	75	
	BV_{CBO}/V	-15	-20	-30	-40	$I_C = 1mA$
	BV_{CEO}/V	-6	-12	-18	-24	$I_C = 2mA$
	BV_{EBO}/V	-6	-10	-10	-10	$I_E = 1mA$
直流参数	I_{CBO}/μA	≤25	≤20	≤12	≤6	$U_{CB} = 6V$
	I_{CEO}/μA	≤1000	≤800	≤600	≤400	$U_{CE} = 6V$
	I_{EBO}/μA	≤25	≤20	≤12	≤6	$U_{EB} = 6V$
	U_{BES}/V	≤0.6	≤0.6	≤0.6	≤0.6	$U_{CE} = 6V$　$I_C = 100mA$
	U_{CES}/V	≤0.65	≤0.65	≤0.65	≤0.65	$U_{CE} = U_{BE}$　$U_{CB} = 0$　$I_C = 125mA$
	h_{FE}	80~400	40~180	40~180	40~180	$U_{CE} = 1V$　$I_C = 100mA$
交流参数	f_β/kHz	-	-	≥8	$f_\alpha ≥465$	$U_{CB} = -6V$　$I_E = 10mA$
h_{FE}色标分档		（黄）40~55，（绿）55~80，（蓝）80~120，（紫）120~180，（灰）180~270，（白）270~400				
管脚						

（4）3DG100（3DG6）型 NPN 型硅高频小功率晶体管　3DG100（3DG6）型 NPN 型硅高频小功率晶体管的主要参数见表 C-14。

表 C-14　**3DG100**（3DG6）型 **NPN** 型硅高频小功率晶体管的主要参数

原型号		3DG6				测试条件
	新型号	3DG100A	3DG100B	3DG100C	3DG100D	
极限参数	P_{CM}/mW	100	100	100	100	
	I_{CM}/mA	20	20	20	20	
	BV_{CBO}/V	≥30	≥40	≥30	≥40	$I_C=100\mu A$
	BV_{CEO}/V	≥20	≥30	≥20	≥30	$I_C=100\mu A$
	BV_{EBO}/V	≥4	≥4	≥4	≥4	$I_E=100\mu A$
直流参数	$I_{CBO}/\mu A$	≤0.01	≤0.01	≤0.01	≤0.01	$V_{CB}=10V$
	$I_{CEO}/\mu A$	≤0.1	≤0.1	≤0.1	≤0.1	$V_{CE}=10V$
	$I_{EBO}/\mu A$	≤0.01	≤0.01	≤0.01	≤0.01	$V_{EB}=1.5V$
	U_{BES}/V	≤1	≤1	≤1	≤1	$I_C=10mA$　$I_B=1mA$
	U_{CES}/V	≤1	≤1	≤1	≤1	$I_C=10mA$　$I_B=1mA$
	h_{FE}	≥30	≥30	≥30	≥30	$U_{CE}=10V$　$I_C=3mA$
交流参数	f_T/MHz	≥150	≥150	≥300	≥300	$U_{CB}=10V$　$I_E=3mA$　$f=100MHz$　$R_L=5\Omega$
	K_p/dB	≥7	≥7	≥7	≥7	$U_{CB}=-6V$　$I_E=3mA$　$f=100MHz$
	C_{ob}/pF	≤4	≤4	≤4	≤4	$U_{CB}=10V$　$I_E=0$
h_{FE}色标分档		（红）30~60，（绿）50~110，（蓝）90~160，（白）>150				
管脚						

（5）3DG130（3DG12）型 NPN 型硅高频小功率晶体管　3DG130（3DG12）型 NPN 型硅高频小功率晶体管的主要参数见表 C-15。

表 C-15　**3DG130**（3DG12）型 **NPN** 型硅高频小功率晶体管的主要参数

原型号		3DG12				测试条件
	新型号	3DG130A	3DG130B	3DG130C	3DG130D	
极限参数	P_{CM}/mW	700	700	700	700	
	I_{CM}/mA	300	300	300	300	
	BV_{CBO}/V	≥40	≥60	≥40	≥60	$I_C=100\mu A$
	BV_{CEO}/V	≥30	≥45	≥30	≥45	$I_C=100\mu A$
	BV_{EBO}/V	≥4	≥4	≥4	≥4	$I_E=100\mu A$
直流参数	$I_{CBO}/\mu A$	≤0.5	≤0.5	≤0.5	≤0.5	$U_{CB}=10V$
	$I_{CEO}/\mu A$	≤1	≤1	≤1	≤1	$U_{CE}=10V$
	$I_{EBO}/\mu A$	≤0.5	≤0.5	≤0.5	≤0.5	$U_{EB}=1.5V$
	U_{BES}/V	≤1	≤1	≤1	≤1	$I_C=100mA$　$I_B=10mA$
	U_{CES}/V	≤0.6	≤0.6	≤0.6	≤0.6	$I_C=100mA$　$I_B=10mA$
	h_{FE}	≥30	≥30	≥30	≥30	$U_{CE}=10V$　$I_C=50mA$

（续）

原型号		3DG12				测试条件
新型号		3DG130A	3DG130B	3DG130C	3DG130D	
交流参数	f_T/MHz	≥150	≥150	≥300	≥300	$U_{CB}=10V$　$I_E=50mA$　$f=100MHz$　$R_L=5\ \Omega$
	K_p/dB	≥6	≥6	≥6	≥6	$U_{CB}=-10V$　$I_E=50mA$　$f=100MHz$
	C_{ob}/pF	≤10	≤10	≤10	≤10	$U_{CB}=10V$　$I_E=0$
h_{FE}色标分档		（红)30~60，（绿)50~110，（蓝)90~160，（白)>150				
管　　脚						

（6）9011~9018 塑封硅晶体管　9011~9018 塑封硅晶体管的主要参数见表 C-16。

表 C-16　9011~9018 塑封硅晶体管的主要参数

型　　号		(3DG)9011	(3CX)9012	(3DX)9013	(3DG)9014	(3CG)9015	(3DG)9016	(3DG)9018
极限参数	P_{CM}/mW	200	300	300	300	300	200	200
	I_{CM}/mA	20	300	300	100	100	25	20
	BV_{CBO}/V	20	20	20	25	25	25	30
	BV_{CEO}/V	18	18	18	20	20	20	20
	BV_{EBO}/V	5	5	5	4	4	4	4
直流参数	I_{CBO}/μA	0.01	0.5	0.5	0.05	0.05	0.05	0.05
	I_{CEO}/μA	0.1	1	1	0.5	0.5	0.5	0.5
	I_{EBO}/μA	0.01	0.5	0.5	0.05	0.05	0.05	0.05
	V_{CES}/V	0.5	0.5	0.5	0.5	0.5	0.5	0.35
	V_{BES}/V		1	1	1	1	1	1
	h_{FE}	30	30	30	30	30	30	30
交流参数	f_T/MHz	100			80	80	500	600
	C_{ob}/pF	3.5			2.5	4	1.6	4
	K_p/dB							10
h_{FE}色标分档		（红)30 60，（绿)50~110，（蓝)90 160，（白)>150						
管脚								

6. 常用场效应晶体管的主要参数

常用场效应晶体管的主要参数见表 C-17。

表 C-17　常用场效应晶体管的主要参数

参数名称	N 沟道结型				MOS 型 N 沟道耗尽型		
	3DJ2	3DJ4	3DJ6	3DJ7	3D01	3D02	3D04
	D ~ H	D ~ H	D ~ H	D ~ H	D ~ H	D ~ H	D ~ H
饱和漏源电流 I_{DSS}/mA	0.3 ~ 10	0.3 ~ 10	0.3 ~ 10	0.35 ~ 1.8	0.35 ~ 10	0.35 ~ 25	0.35 ~ 10.5
夹断电压 U_{GS}/V	$|1 \sim 9|$	$|1 \sim 9|$	$|1 \sim 9|$	$|1 \sim 9|$	$|1 \sim 9|$	$|1 \sim 9|$	$|1 \sim 9|$
正向跨导 g_m/μA	>2000	>2000	>1000	>3000	≥1000	≥4000	≥2000
最大漏源电压 BV_{DS}/V	>20	>20	>20	>20	>20	12 ~ 20	>20
最大耗散功率 P_{DNI}/mW	100	100	100	100	100	25 ~ 100	100
栅源绝缘电阻 r_{GS}/Ω	≥10^8	≥10^8	≥10^8	≥10^8	≥10^8	≥10^8 ~ 10^9	≥100
管脚							

7. 模拟集成电路

（1）国产模拟集成电路命名方法　国产模拟集成电路器件型号的组成见表 C-18。

表 C-18　国产模拟集成电路器件型号的组成

第 0 部分		第一部分		第二部分	第三部分		第四部分	
用字母表示器件符合的国家标准		用字母表示器件的类型		用阿拉伯数字表示器件的系列和品种代号	用字母表示器件的工作温度范围		用字母表示器件的封装	
符号	意义	符号	意义		符号	意义	符号	意义
C	中国制造	T	TTL		C	0 ~ 70℃	W	陶瓷扁平
		H	HTL		E	− 40 ~ 85℃	B	塑料扁平
		E	ECL		R	− 55 ~ 85℃	F	全封闭扁平
		C	CMOS		M ……	− 55 ~ 125℃ ……	D	陶瓷直插
		F	线性放大器				P	塑料直插
		D	音响、电视电路				J	黑陶瓷直插
		W	稳压器				K	金属菱形
		J	接口电路				T	金属圆形

例：　　　　　　　　 C　F　741　C　T

　　　　　　　　　　　　　　　　　　 └── 金属圆形封装

　　　　　　　　　　　　　　　　 └── 0 ~ 70℃

　　　　　　　　　　　　　 └── 器件代号

　　　　　　　　　　　 └── 线性放大器

　　　　　　　　　 └── 中国国家标准

（2）国外部分公司及产品代号　国外部分公司及产品代号见表 C-19。

表 C-19　　国外部分公司及产品代号

公　司　名　称	代　号	公　司　名　称	代　号
美国无线电公司（BCA）	CA	美国悉克尼特公司（SIC）	NE
美国国家半导体公司（NSC）	LM	日本电气工业公司（NEC）	μPC
美国摩托罗拉公司（MOTA）	MC	日本日立公司（HIT）	RA
美国仙童公司（PSC）	μA	日本东芝公司（TOS）	TA
美国德克萨斯公司（TII）	TL	日本三洋公司（SANYO）	LA、LB
美国模拟器件公司（ANA）	AD	日本松下公司	AN
美国英特西尔公司（INL）	IC	日本三菱公司	M

（3）部分模拟集成电路引脚排列

1）运算放大器如图 C-1 所示。

2）音频功率放大器如图 C-2 所示。

3）集成稳压器的引脚如图 C-3 所示。

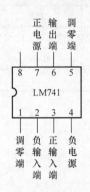  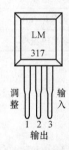

图 C-1　运算放大器　　　　　图 C-2　音频功率放大器　　　　图 C-3　集成稳压器的引脚

（4）部分模拟集成电路主要参数

1）μA741 运算放大器的主要参数见表 C-20。

表 C-20　μA741 运算放大器的主要参数

电源电压 + V_{CC} $\quad$ – V_{EE}	3 ~ 18V，典型值为 15V –3 ~ – 18V，典型值为 – 15V	工作频率/kHz	10
输入失调电压 U_{IO}/mV	2	单位增益带宽积 $A_u \cdot BW$/MHz	1
输入失调电流 I_{IO}/nA	20	转换速率 S_R/（V/μs）	0.5
开环电压增益 A_{uo}/dB	106	共模抑制比 $CMRR$/dB	90
输入电阻 R_i/MΩ	2	功率消耗/mW	50
输出电阻 R_o/Ω	75	输入电压范围/V	±13

2）LA4100 ~ LA4102 音频功率放大器的典型参数见表 C-21。

表 C-21　　LA4100 ~ LA4102 音频功率放大器的典型参数

参数名称/单位	条　　件	典　型　值	
		LA4100	LA4102
耗散电流/mA	静　态	30.0	26.1
电压增益/dB	$R_{NF} = 220\ \Omega$, $f = 1kHz$	45.4	44.4
输出功率/W	$THD = 10\%$, $f = 1kHz$	1.9	4.0
总谐波失真×100	$P_o = 0.5W$, $f = 1kHz$	0.28	0.19
输出噪声电压/mV	$R_g = 0$, $U_G = 45dB$	0.24	0.21

注：$+V_{CC} = 6V(LA4100)$，$+V_{CC} = 9V(LA4102)$，$R_L = 8\ \Omega$。

3）CW7805、CW7812、CW7912、CW317 集成稳压器的主要参数见表 C-22。

表 C-22　　CW78×× 、CW79×× 、CW317 集成稳压器的主要参数

参数名称/单位	CW7805	CW7812	CW7912	CW317
输入电压/V	10	19	-19	≤40
输出电压范围/V	4.75 ~ 5.25	11.4 ~ 12.6	-11.4 ~ -12.6	1.2 ~ 37
最小输入电压/V	7	14	-14	$3 \leqslant U_i - U_o \leqslant 40$
电压调整率/mV	3	3	3	0.02%/V
最大输出电流/A	加散热片可达 1A			1.5

附录 D　Multisim 介绍

1. Multisim 的特点

（1）直观的图形界面　整个操作界面就像一个电子实验工作台，如图 D-1 所示，绘制电路所需的元器件和仿真所需的测试仪器均可直接拖放到屏幕上，轻点鼠标即可用导线将它们连接起来，软件仪器的控制面板和操作方式都与实物相似，测量数据、波形和特性曲线如同在真实仪器上看到的一样。

（2）丰富的元器件库　Multisim 大大扩充了 EWB 的元器件库，包括基本元器件、半导体器件、运算放大器、TTL 和 CMOS 数字 IC、DAC、ADC 及其他各种部件，且用户可通过元器件编辑器自行创建或修改所需元器件模型，还可通过 IIT 公司网站或其代理商获得元器件模型的扩充和更新服务。

（3）丰富的测试仪器　除 EWB 具备的数字万用表、函数信号发生器、双通道示波器、扫频仪、字信号发生器、逻辑分析仪和逻辑转换仪外，Multisim 还新增了瓦特表、失真分析仪、频谱分析仪和网络分析仪，如图 D-2 所示。尤其与 EWB 不同的是：所有仪器均可实现多台同时调用。

（4）完备的分析手段　除了 EWB 提供的直流工作点分析、交流分析、瞬态分析、傅里叶分析、噪声分析、失真分析、参数扫描分析、温度扫描分析、极点一零点分析、传输函数分析、灵敏度分析、最坏情况分析和蒙特卡罗分析外，Multisim 还新增了直流扫描分析、批

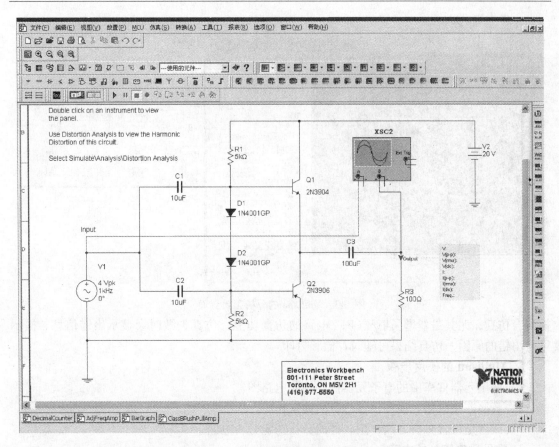

图 D-1　Multisim 的图形界面

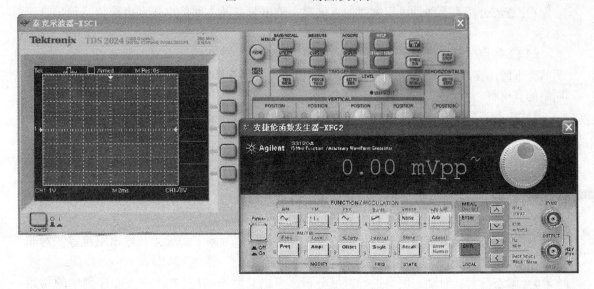

图 D-2　Multisim 的测试仪器界面

处理分析、用户定义分析、噪声图形分析和射频分析等，如图 D-3 所示，基本上能满足一般电子电路的分析设计要求。

（5）强大的仿真能力　Multisim 既可对模拟电路或数字电路分别进行仿真，也可进行数

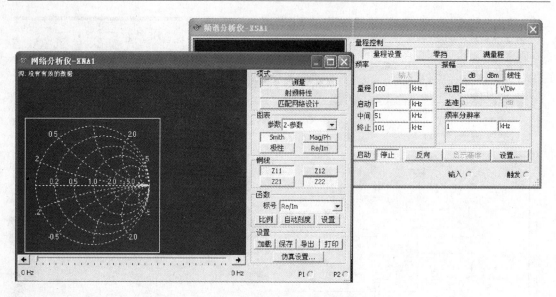

图 D-3　Multisim 的分析工具界面

模混合仿真，尤其是新增了射频（RF）电路的仿真功能。仿真失败时会显示出错信息、提示可能出错的原因，仿真结果可随时存储和打印。

2. Multisim 的使用步骤

1）调用元器件库中的电子元器件并绘制电路图。

2）直接连接仪器，使用仪器进行实验操作。

3）或者是设置分析方法，用软件的分析功能分析电路。

3. 常见的电路分析内容

1）直流分析：求线性电阻网络的直流解，给出节点及支路的电压和电流值，给出直流功耗。

2）工作点分析：求出非线性网络的静态工作点，对动态网络求出初始条件、偏置或平衡状态下的工作点（将网络中的所有电容看做开路、电感看做短路得到的）。这些也是非线性网络的直流解。

3）驱动点分析：求出非线性电阻网络的驱动点电流和驱动点电压之间的关系，这也是网络的直流解。

4）传输函数分析：求出电阻网络的输出电压或电流和输入电压或电流之间的关系，可得到网络的输入阻抗和输出阻抗。这也是网络的直流解。

5）交流分析：求出线性网络的频率响应特性，即频域分析。对非线性网络进行小信号交流特性分析（将非线性元器件在工作点处线性化，然后分析这个被线性化电路的稳态交流响应）。可得到网络的幅频特性与相频特性，得到在给定频率下的输入与输出阻抗等。对非线性动态网络可求出有输入或无输入时的稳态周期解。

6）瞬态分析：对动态网络进行时域分析，求出其瞬态响应（在用户或程序确定的初始条件下，分为有输入信号和无输入信号两种情况，分别求出输出波形随时间变化的规律）。

7）噪声分析：对线性网络进行频域或时域的等效输入噪声和输出噪声特性分析（将噪声源作为输入，求这时的交流解或瞬态解）。

8）温度特性分析：求出在各种温度网络下的特性。

9）灵敏度分析：计算电路中元器件参数变化对输出量的影响。灵敏度分析可在直流工作情况下进行，也可在交流和瞬态工作条件下进行。

10）容差分析：在元器件参数各自的容差范围内求出对电路特性的影响。PSPICE 中可用蒙卡罗分析法对直流、交流和瞬态特性进行容差分析。

11）最坏情况分析：求电路特性的最坏情况（在电路元器件参数取最坏的极端值时求电路的特性）。

12）傅里叶分析：在给定频率下对网络进行瞬态分析。将得到的输出波形再作频谱分析，求出输出变量的基频和谐波量。

13）失真分析：求电路在小信号条件下的失真特性。

4. Multisim 的基本界面

（1）Multisim 的主窗口　单击"开始"→"程序"→"Electronics　Workbench"→"Multisim8.0"命令，启动 Multisim8.0，可以看到 Multisim 的主窗口。

Multisim 的主窗口如同一个实际的电子实验台。屏幕中央区域最大的窗口就是电路工作窗口，在电路工作窗口中可将各种电子元器件和测试仪器仪表连接成实验电路。电路工作窗口上方是菜单栏、工具栏。从菜单栏可以选择电路连接、实验所需的各种命令。工具栏包含了常用的操作命令按钮。通过鼠标操作即可方便地使用各种命令和实验设备。电路工作窗口两边是元器件栏和仪器仪表栏。元器件栏存放着各种电子元器件，仪器仪表栏存放着各种测试仪器仪表，用鼠标进行操作，可以很方便地从元器件和仪器库中提取实验所需的各种元器件及仪器、仪表到电路工作窗口并连接成实验电路。按下电路工作窗口上方的"启动/停止"开关或"暂停/恢复"按钮可以方便地控制实验的进程。

（2）Multisim 的主菜单

1）Multisim8.0 有 11 个主菜单，图 D-4 所示菜单中提供了本软件几乎所有的功能命令。

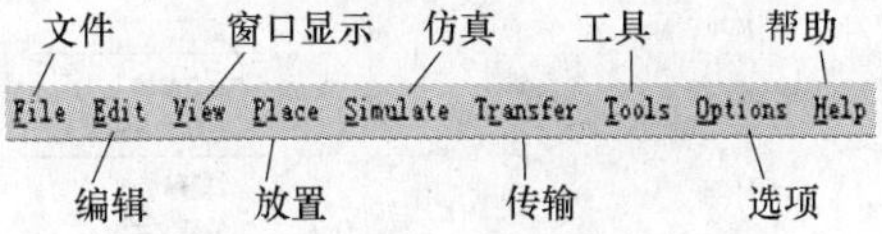

图 D-4　Multisim 的主菜单

File（文件）菜单：如图 D-5 所示，提供 18 个文件操作命令，如打开、保存和打印等。

Edit（编辑）菜单：如图 D-6 所示，在电路绘制过程中，提供对电路和元器件进行剪切、粘贴、旋转等操作命令。

View（窗口显示）菜单：如图 D-7 所示，主要提供控制仿真界面上显示的内容的操作命令。

Place（放置）菜单：如图 D-8 所示，提供在电路工作窗口内放置元器件、连接点、总线和文字等命令。

Simulate（仿真）菜单：如图 D-9 所示，提供电路仿真设置与操作命令。

Transfer（文件输出）菜单：如图 D-10 所示，提供 6 个传输命令。

Tools（工具）菜单：如图 D-11 所示，主要提供元器件编辑或管理命令。

Option（选项）菜单：如图 D-12 所示，提供 5 个电路界面和电路某些功能的设定命令。

Reports（报告）菜单：如图 D-13 所示。

Window（窗口）菜单：如图 D-14 所示。

Help（帮助）菜单：为用户提供在线技术帮助和使用指导，如图 D-15 所示。

2）Multisim 工具栏：如图 D-16 所示。

图 D-5　Multisim 的文件菜单

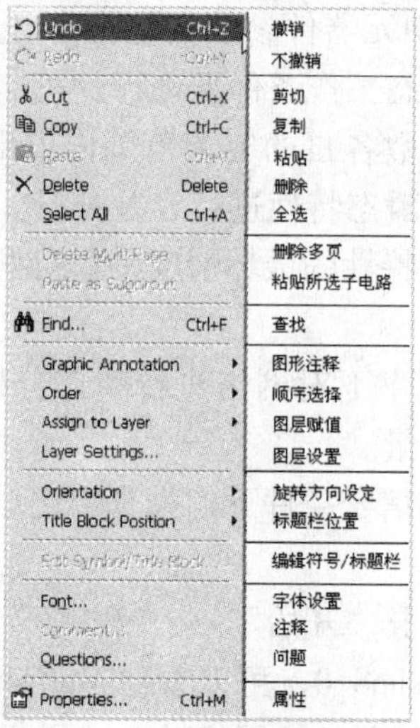

图 D-6　Multisim 的编辑菜单

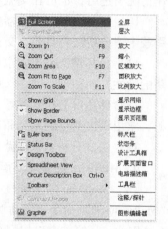

图 D-7　Multisim 的窗口显示菜单

图 D-8　Multisim 的放置菜单

图 D-9　Multisim 的仿真菜单

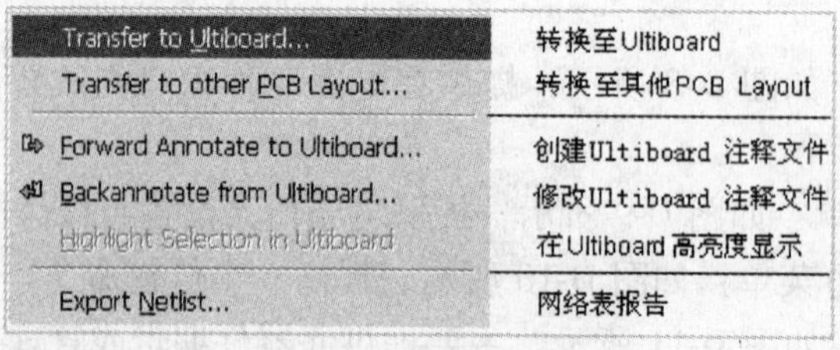

图 D-10　Multisim 的文件输出菜单

图 D-11　Multisim 的工具菜单

图 D-12　Multisim 的选项菜单

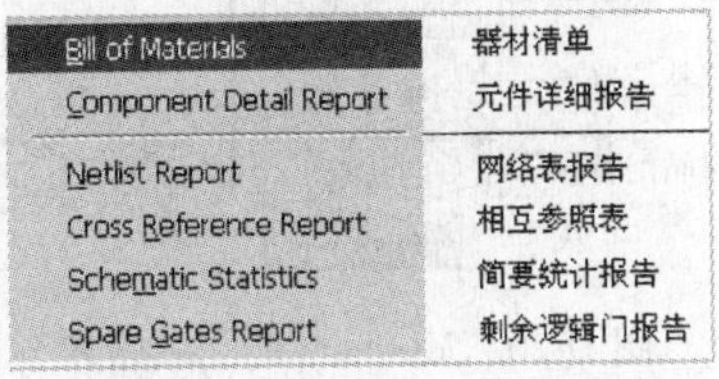

图 D-13　Multisim 的报告菜单

图 D-14　Multisim 的窗口菜单

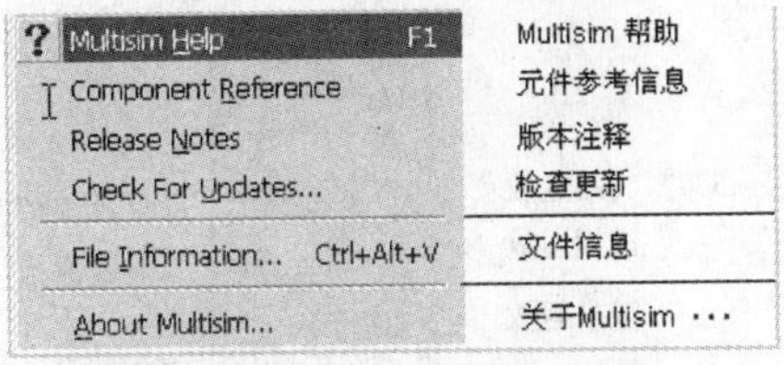

图 D-15　Multisim 的帮助菜单

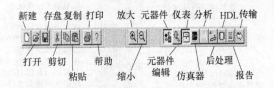

图 D-16　Multisim 的工具栏

3）Multisim 的元器件库：如图 D-17 所示，用鼠标左键单击元器件库栏的某一个图标，即可打开该元件库。

电源/信号源库：库中的各个图标所表示的元器件含义如图 D-18 所示。

基本器件库：如图 D-19 所示，基本器件库中的虚拟元器件的参数是可以任意设置的，非虚拟元器件的参数是固定的，但是是可以选择的。

二极管库：如图 D-20 所示，二极管库中的虚拟器件的参数是可以任意设置的，非虚拟元器件的参数是固定的，但是是可以选择的。

晶体管库：如图 D-21 所示。

模拟集成电路库：如图 D-22 所示。

混合集成电路库：如图 D-23 所示。

TTL 数字集成电路库：如图 D-24 所示。

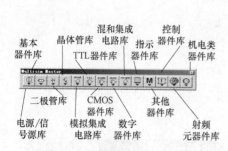

图 D-17　Multisim 的元器件库

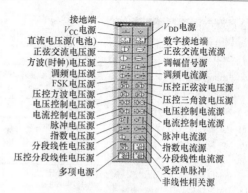

图 D-18　Multisim 的电源/信号源库

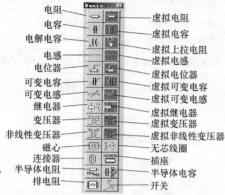

图 D-19　Multisim 的基本器件库

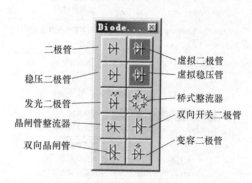

图 D-20　Multisim 的二极管库

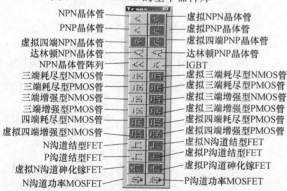

图 D-21　Multisim 的晶体管库

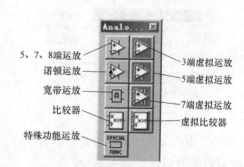

图 D-22　Multisim 的模拟集成电路库

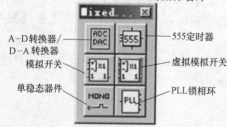

图 D-23　Multisim 的混合集成电路库

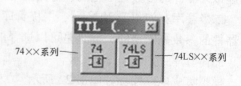

图 D-24　Multisim 的 TTL 数字集成电路库

CMOS 数字集成电路库：如图 D-25 所示。

数字器件库：如图 D-26 所示。

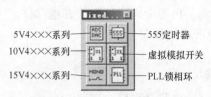

图 D-25　Multisim 的 CMOS 数字集成电路库

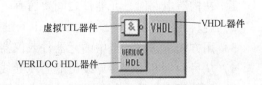

图 D-26　Multisim 的数字器件库

指示器件库：如图 D-27 所示。

控制器件库：如图 D-28 所示。

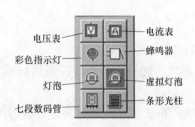

图 D-27　Multisim 的指示器件库

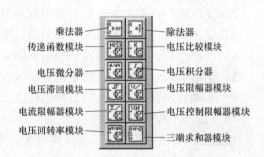

图 D-28　Multisim 的控制器件库

其他器件库：如图 D-29 所示。

射频元器件库：如图 D-30 所示。

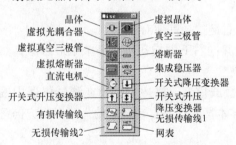

图 D-29　Multisim 的其他器件库

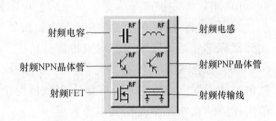

图 D-30　Multisim 的射频元器件库

机电类器件库：如图 D-31 所示。

4）Multisim 仪器仪表库：如图 D-32 所示。

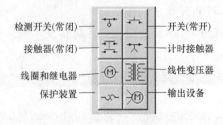

图 D-31　Multisim 的机电类器件库

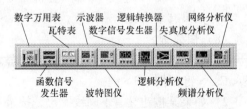

图 D-32　Multisim 的仪器仪表库

5. 使用技巧

（1）出错信息　如果电路的电气连接或接地不正确，Multisim 将无法对该电路进行仿真，并给出出错信息。从出错信息及相关的帮助中可以找出问题的根源，检查电路，找到故障并改正之，然后重新激活电路。

（2）小窍门

1）在构造电路时，元器件之间要留有一定的空间，以便插入连接点或其他部件。

2）旋转元器件(选择后按 < Ctrl + R > 键)以获得所希望的布局。

3）用方向键来移动选中的元器件或仪器图标。

4）从另一端开始连接导线可能会使导线走线更好。

5）可使用子电路来制作元器件库中没有的元器件或将复杂电路小型化。

（3）使用窗口

1）移动窗口：拖动标题栏移动窗口。

2）关闭窗口：单击窗口右上角控制菜单中的"×"关闭窗口。

3）缩放窗口：拖动窗口的边或角调整窗口尺寸。

4）滚动窗口：拖动窗口右边的滚动块来滚动窗口。

5）激活窗口：在窗口内任意位置单击将激活窗口。

6）前端显示窗口：单击窗口标题栏或在 Window 菜单中选择，将某窗口调到前端。

（4）滚动工作区

根据显示器的分辨率，工作区可以大于窗口的 4 倍。要观察工作区更多部分，可用鼠标指向工作区右边和下边的滚动块并拖动之。

拖动一条导线或多个元器件或测试仪器图标到显示区域外，同样可以滚动窗口。

（5）选择多个对象

选择多个元器件或仪器图标有两种方法：

1）用鼠标左键选择第一个对象后，单击鼠标右键选择其他对象。

2）用鼠标指向一组对象的左上方，按下左键并向右下方拖动形成一个矩形区域，然后放开鼠标键。则该区域内的对象将都被选中。

（6）添加文本　仅在给元器件设置标号、参数或模型、描述电路及在测试仪器中输入数值时才需输入文本内容。在绝大多数情况下，文本插入点是自动设定的，可以用方向键或单击相应的文本框来改变文本插入点。

（7）编辑键　在输入文本时，可使用如下编辑键：

1）按 < BACKSPACE > 键从插入点向左删除；按 < Del > 键从插入点向右删除。用方向键移动插入点位置。

2）按 < Home > 键或 < End > 键将插入点移到一行的开始或结尾。

3）如果有多个文本输入框，按 < Tab > 键或 < Shift + Tab > 键向前或后跳转文本输入框。

（8）快捷键

1）如果菜单命令具有快捷键，它将显示在该命令的右侧。例如，保存的快捷键，即按下 < Ctrl > 键再按 < S > 键。

2）如果某按钮具有下画线字母，按 < Alt > 键 + 该字母，则可选择该按钮(若对话框里没有文本框,则只要按下带下画线的字母而不用按 < Alt > 键)。

3）带有黑色边的按钮为默认选择，按下 < Enter > 键同样可以选择该按钮。

4）按 < Del > 键可删除选定的元器件或文本。

5）按 < Esc > 键将取消当前对话框。

6）按方向键可移动选择的元器件或图标。

参 考 文 献

[1] 华成英，童诗白．模拟电子技术基础[M]．4 版．北京：高等教育出版社，2006．

[2] 李方明．电子设计自动化技术[M]．北京：清华大学出版社，2006．

[3] 张存礼．电子技术综合实训[M]．北京：北京师范大学出版社，2009．

[4] 康华光．电子技术基础(模拟部分)[M]．4 版．北京：高等教育出版社，1999．

[5] 童诗白，何金茂．电子技术基础试题汇编(模拟部分)[M]．北京：高等教育出版社，1992．

[6] 夏路易．基于 EDA 的电子技术课程设计[M]．北京：电子工业出版社，2009．

[7] 毕满清．电子技术实验与课程设计[M]．北京：机械工业出版社，2005．

[8] 李雄杰．电子产品维修技术[M]．北京：电子工业出版社，2009．